GESTÃO EFICIENTE DE CUSTOS

Um Guia Prático Para Indústria

JOSÉ ÂNGELO FERREIRA

Dados Internacionais de Catalogação na Publicação (CIP)
(Câmara Brasileira do Livro, SP, Brasil)

```
Ferreira, José Ângelo
   Gestão eficiente de custos : um guia pratico para
a indústria / José Ângelo Ferreira. -- Londrina,
PR : Ed. do Autor, 2024.

   ISBN 978-65-00-96562-9

   1. Administração de empresas 2. Custos -
Administração 3. Custos - Controle 4. Indústria
I. Título.
```

24-197247   CDD-658.1552

Índices para catálogo sistemático:

1. Custos : Gestão : Administração de empresas
        658.1552

Eliane de Freitas Leite - Bibliotecária - CRB 8/8415

CONTEÚDO

1   *Importância da Gestão de Custos*.................**10**

2   *Conceitos e Objetivos de Custos*.................**14**

    2.1.   **Conceitos de Custo**.................**14**

    2.2.   **Terminologias no Estudo de Custos**.................**15**

    2.3.   **Objetivo de Conhecer os Custos**.................**17**

    2.4.   **Consequências da Ausência de Informações de Custos**.......**17**

3   *Classificação de Custos*.................**19**

    3.1   **Em Relação aos Produtos Fabricados**.................**19**

    3.2   **Em Relação aos Níveis de Produção e de Vendas**.................**22**

4   *Utilizando a Análise Custo Volume Lucro (CVL) para Tomada de Decisão*.................**37**

    4.1   **Elementos da Gestão de Custos para Análise CVL**.................**38**

    4.2   **Aplicações da Análise CVL na Gestão de Custos**.................**44**

5   *Ponto de Equilíbrio (Break-Even)*.................**56**

    5.1   **Depreciação**.................**56**

    5.2   **Ponto de Equilíbrio Financeiro**.................**63**

    5.3   **Ponto de Equilíbrio Contábil**.................**64**

    5.4   **Ponto de Equilíbrio Econômico**.................**65**

    5.5   **Ponto de Equilibrio e Quantidade**.................**68**

    5.6   **Ponto de Equilíbrio para um Mix de Vendas**.................**71**

6   *Relatórios de Apoio ao Custo*.................**76**

    6.1   **Demonstrativo de Resultado do Exercício - DRE**.................**76**

6.2   Ficha Técnica 84

*7   Sistemas de Custeio **88***

7.1   Princípios.. 90

7.2   Métodos 92

*8   Sistemas Tradicionais De Custeio **96***

8.1   Custeio por Absorção....................................... 96

8.2   Custo Padrão 104

8.3   Custeio Variável ou Direto 116

*9   Sistemas Contemporâneos de Custeio **118***

9.1   Método dos Centros de Custos ou RKW 118

9.2   Método de Custeio pela Margem de Contribuição 133

9.3   Método ABC de Custeio – Custo Baseado em Atividades.. 146

9.4   Método de Custeio por Processo 168

9.5   Método da Unidade de Esforço da Produção (UEP).......... 175

9.6   Método de Custeio pela Curva de Aprendizagem............. 182

*10   Formação De Preço **192***

10.1   Mark-Up 193

*11   Ferramentas Essenciais Para a Gestão de Custos **198***

Prefácio

Como gestor de empresas e consultor ao longo de muitos anos, pude vivenciar os desafios enfrentados diariamente pelos profissionais envolvidos na gestão de custos em empresas industriais. Esta obra, construída com base na minha experiência prática como gestor, consultor de empresas, bem como na minha atuação como autor de outros livros de custos e professor em cursos de graduação e pós-graduação, foi elaborada com o intuito de fornecer uma abordagem prática e aplicável à gestão de custos.

Ao longo dos anos, percebi a necessidade premente de uma obra que não apenas explorasse os conceitos teóricos, mas que também oferecesse ferramentas e técnicas práticas para lidar com os desafios reais enfrentados pelos gestores de empresas industriais. É nesse contexto que este livro se destaca, apresentando uma abordagem prática e direcionada, que visa atender às necessidades específicas dos profissionais envolvidos na gestão de custos.

Destinado tanto a gestores de empresas industriais quanto a engenheiros e estudantes de engenharia, esta obra abrange uma ampla gama de tópicos, desde os fundamentos básicos da gestão de custos até técnicas avançadas de análise e controle. Por meio de exemplos práticos, estudos de caso e exercícios, os leitores serão capacitados a aplicar os conceitos discutidos em seu contexto profissional, contribuindo assim para a melhoria dos processos de gestão e para o alcance dos objetivos organizacionais.

Este livro foi concebido com a missão de preencher uma lacuna no mercado editorial, oferecendo uma obra abrangente e prática que se destina a auxiliar gestores de empresas industriais, engenheiros e estudantes de engenharia a compreenderem e aplicarem eficazmente os princípios da gestão de custos em seus respectivos contextos profissionais. Espero que esta obra seja uma fonte valiosa de conhecimento e inspiração para todos os leitores interessados em aprimorar suas habilidades e alcançar o sucesso em suas carreiras.

Gostaria de encerrar este prefácio expressando meus sinceros agradecimentos a todas as pessoas que tornaram possível a realização deste livro. Primeiramente, gostaria de agradecer ao Edson Fracalossi por seu apoio e suporte ao longo deste projeto. Agradeço também à minha mãe, Maria Helena, e à minha família, pelo constante incentivo. Aos meus colegas de profissão, expresso minha gratidão pela troca de experiências e colaboração mútua. Por fim, um agradecimento especial aos meus alunos, cujo entusiasmo e encorajamento foram fontes de inspiração durante todo o processo de escrita. Sem o apoio e estímulo dessas pessoas, este livro não teria sido possível. Obrigado a todos!

José Ângelo Ferreira

Gestão de Custos na Indústria

Bem-vindo ao fascinante mundo da gestão de custos na indústria de transformação. Neste livro, embarcaremos em uma jornada que transcende números e gráficos, adentrando a essência estratégica e prática de otimizar recursos e impulsionar o sucesso de projetos e operações industriais.

Na era atual, onde a competitividade é a palavra de ordem, a habilidade de gerenciar eficientemente os custos tornou-se uma competência crucial para engenheiros de produção. A complexidade crescente dos mercados, a globalização e as demandas cada vez mais específicas dos clientes destacam a importância de compreender não apenas os aspectos técnicos da produção, mas também os intricados meandros financeiros que moldam o sucesso de empreendimentos industriais.

Ao longo deste livro, exploraremos conceitos fundamentais que transcendem o simples equilíbrio entre receitas e despesas. Vamos nos aprofundar nas estratégias que possibilitam a tomada de decisões embasadas, buscando não apenas a eficiência financeira, mas também o alcance de metas sustentáveis e inovação constante.

Para o gestor industrial, o engenheiro de produção e o administrador, a gestão de custos é uma ferramenta essencial para a maximização de lucros, a otimização de processos e a manutenção da competitividade no cenário industrial em constante evolução. Este livro proporcionará não apenas conhecimento teórico, mas também habilidades práticas que você poderá aplicar diretamente em suas atividades profissionais.

Preparado para desvendar os segredos por trás de uma gestão de custos eficaz? Vamos começar essa jornada transformadora rumo ao aprimoramento contínuo e ao sucesso sustentável

Introdução

Com a globalização chegando ao Brasil nos anos 90, a forma como as empresas gerenciam seus custos passou por grandes mudanças. Com a entrada de produtos estrangeiros de alta tecnologia e qualidade superiores no mercado brasileiro, as empresas locais se viram diante da necessidade urgente de melhorar suas técnicas de análise de resultados e custeio de produtos e serviços, independentemente do tamanho ou setor em que atuassem.

Os gestores agora enfrentam um novo cenário econômico e social que tem um impacto significativo na gestão empresarial. Os negócios têm uma dinâmica diferente, mais competitiva, mas com margens de lucro cada vez mais modestas. A administração de empresas exige hoje mais dedicação e habilidades técnicas.

O lucro tornou-se uma prioridade central em qualquer atividade econômica, pois influencia diretamente outras funções da organização e permite consolidar seu patrimônio. No entanto, entender o lucro vai além de uma simples comparação entre preço e custo, receita e despesa. O lucro é o resultado conjunto de várias ações gerenciais, incluindo qualidade, produtividade, planejamento e controle, entre outras.

De maneira mais técnica, o lucro não é mais apenas uma característica da receita, mas sim uma consequência dos custos incorridos. Buscar lucro agora depende do controle e da gestão eficaz desses custos, numa relação inversamente proporcional: menor custo implica em maior lucro.

Diante dessa nova realidade, empresas de todos os tamanhos - pequenas, médias ou grandes - não precisam apenas de ferramentas eficientes para administrar seus negócios, mas também de uma mudança cultural, de processos e de comportamento. É preciso adotar

um novo paradigma fundamentado em técnicas modernas de gestão de custos. Isso significa não apenas utilizar ferramentas, mas também incorporar uma mentalidade que valoriza a eficiência na gestão de recursos e custos para garantir a saúde financeira e competitividade no mercado.

1   Importância da Gestão de Custos

O impacto da concorrência provocou uma reflexão na estrutura e gerenciamento dos custos, considerando que contabilidade de custos das empresas empregava técnicas que forneciam ao gestor somente as informações básicas dos custos que, de posse delas tomavam as decisões de investimentos e comercialização, técnicas estas cujo critério centrava no rateio dos custos fixos pela mão-de-obra direta ou horas/máquina, por exemplo, ignorando fatores como contribuição, variedade, complexidade e mudança (FERREIRA, 2007).

O sistema de formação de preços das empresas tinha como foco a pretensão de lucro estabelecida pelo empresário, que adicionada ao custo obtido na transformação do produto, determinava seu preço de venda. Esta ótica de gestão, subordinada ao ambiente inflacionário endêmico vigente no Brasil, impossibilitava ao consumidor, estabelecer qualquer referencial de preços. O poder de definir o preço estava nas mãos da empresa.

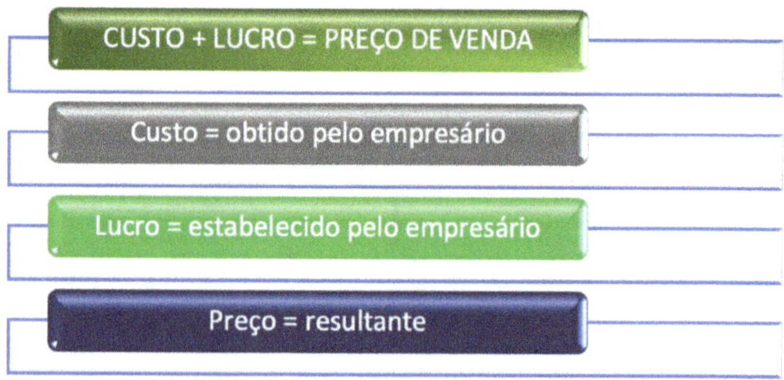

A falta de concorrência e a inflação sempre crescente, tornava dispensável implementação de um sistema de custeio mais eficiente, uma vez que a que a variação diária da inflação embutida nos preços, mascarava e encobria toda e qualquer perda.

O processo inflacionário brasileiro nesta época, **absolvia e absorvia** todas as ineficiências da empresa, e o cliente, sem alternativa, pagava esse ônus nos preços dos produtos e serviços.

A concorrência, consequente da abertura de mercado, provocou uma mudança substancial na concepção tradicional de custos. A empresa percebe então que seu poder em determinar o preço de seus produtos e serviços, migram para as mãos do cliente, quando este passa a ser definido pelo mercado.

O lucro de determinante passa a determinado nesta nova equação, fazendo com que o gerenciamento eficaz dos custos se torne uma meta estratégica da organização, tendo como premissa o conhecimento, a análise e a otimização de seus custos, na necessidade de competir neste mercado globalizado com produtos e serviços cada vez mais competitivos. Esta nova realidade, segundo Ferreira (2007) pode ser representada na seguinte equação:

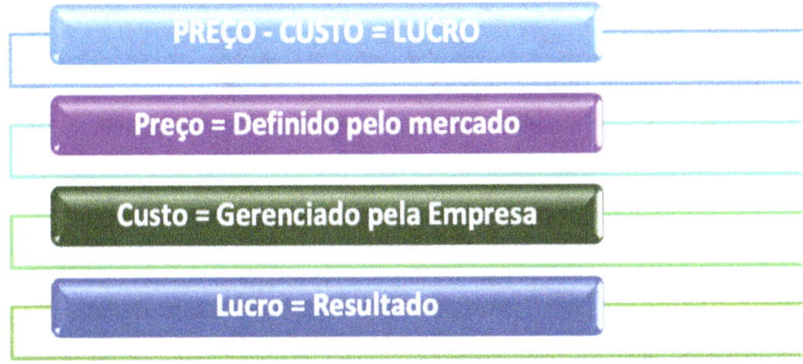

Os problemas causados pelo desperdício, da falta de qualidade, da baixa produtividade refletidos nos produtos e serviços, foram rapidamente sentidos pelo consumidor, fazendo com que optassem pelos produtos importados com qualidade superior e preços menores que os praticados pelas empresas brasileiras. Problemas como custos não identificados, ou classificados de forma incorreta, métodos inadequados de apropriação dos custos indiretos aos produtos, mostram que, apesar das grandes mudanças ocorridas na forma de gestão dos custos, ainda ocorrem com frequência nas empresas.

Sabemos, porém, que os processos de uma organização sofrem constantes pressões das forças competitivas como: novos concorrentes, produtos substitutivos, poder de imposição de alguns clientes, forma de negociação dos fornecedores, a rentabilidade exigida pelos acionistas e diante destas forças, a importância do preço tem um forte peso no processo decisório do cliente, o que provoca nas organizações uma busca no domínio e controle sobre seus custos.

Para fazer frente a estas pressões, as organizações segundo Ferreira (2007) devem buscar o equilíbrio entre concorrência, lucratividade e rentabilidade, que pode ser representada em uma nova equação:

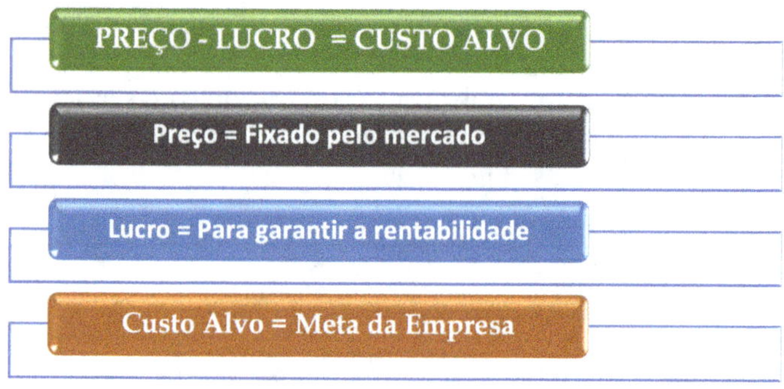

Este estágio de gestão de custos, permite a empresa o domínio do seu custo-alvo, determinando sua meta de lucro, garantindo assim a rentabilidade do capital investido pelos acionistas ou sócios.

Hoje, a empresa reconhece que os modelos de apropriação de custos e formação de preços contábeis tradicionais, podem distorcer as informações gerenciais sobre o custo dos produtos e serviços, prejudicando as decisões gerenciais. Sendo assim, um gerenciamento de Custo mais eficaz, fornece meios para que a empresa possa estabelecer custos mais acurados e garantir meios para o controle destes custos.

RECAPITULANDO

- O impacto da concorrência, provocou uma reflexão na estrutura e gerenciamento dos custos, considerando que a contabilidade de custos das empresas empregava técnicas que forneciam ao gestor somente as informações básicas dos custos.

- Com a abertura do mercado brasileiro à globalização iniciada na década de 90, a gestão de custos passou por grandes transformações.

- Para fazer frente a estas pressões, as organizações segundo Ferreira (2007) devem buscar o equilíbrio entre concorrência, lucratividade e rentabilidade.

- Aplicar uma gestão de custos mais eficiente, permite a empresa o domínio do seu custo-alvo, garantindo a rentabilidade do capital investido pelos acionistas ou sócios.

2 Conceitos e Objetivos de Custos

O entendimento dos conceitos e objetivos dos custos é crucial para qualquer empresa que busca gerenciar suas operações de forma eficaz e atingir seus objetivos financeiros. Neste capítulo, exploraremos os princípios fundamentais que regem a contabilidade de custos e sua aplicação prática no contexto empresarial.

Ao mergulharmos nesse tema, começaremos definindo os conceitos essenciais, como custos diretos e indiretos, além de discutir a importância de identificar os objetos de custo para uma análise precisa dos gastos. Em seguida, abordaremos os diversos objetivos que orientam o estudo e a análise dos custos dentro de uma organização.

Desde a determinação do custo de produção de um produto até a análise de rentabilidade de um projeto, os conceitos e objetivos do custo fornecem a estrutura necessária para tomar decisões financeiras informadas e estratégicas.

Ao longo deste capítulo, examinaremos como esses conceitos e objetivos são aplicados na prática, destacando sua importância para o sucesso e a sustentabilidade de qualquer empreendimento.

2.1. Conceitos de Custo

Existem vários e diferentes conceitos sobre Custo. Gestores que compreendem estes conceitos e termos são capazes de melhor utilizarem as informações e evitarem informações equivocadas de custos. Procuramos, dentro desta grande gama de conceitos, algumas definições de fácil compreensão e entendimento e que sintetizem a essência e a importância deste assunto (FERREIRA, 2007):

A seguir, discutiremos o significado e os diferentes conceitos associados ao termo **"custo"**:

Contexto	Definição	Características
Contábil	Montante de despesa ou pagamento para adquirir, produzir ou entregar um produto ou serviço.	Inclui todos os gastos relacionados à produção, distribuição e venda.
Econômico	Valor dos recursos utilizados na produção de um bem ou serviço.	Inclui gastos monetários e o valor de oportunidade dos recursos.
Gerencial	Medida do esforço econômico para atingir determinado objetivo.	Usado para avaliar a eficiência e a eficácia de processos, atividades ou decisões.
Tomada de Decisão	Fator crucial na avaliação de alternativas e na tomada de decisões.	Pondera custos e benefícios para determinar a melhor escolha.

2.2.Terminologias no Estudo de Custos

Uma compreensão sólida das terminologias é essencial para uma análise financeira precisa e uma gestão eficiente dos recursos empresariais. Termos como custos diretos, custos indiretos, objetos de custo e outros desempenham papéis fundamentais na identificação, alocação e controle dos gastos associados à produção de bens, prestação de serviços ou execução de projetos. Esta breve introdução destaca a importância dessas terminologias na contabilidade de custos, fornecendo uma base essencial para explorar mais a fundo os princípios que orientam a gestão financeira nas organizações

Apresentamos a seguir, as terminologias utilizadas no estudo de custos:

GESTÃO EFICIENTE DE CUSTOS

Termo	Significado	Características	Exemplos
Gastos	Valor dos vens e serviços adquiridos pela empresa.	Não se considera a vida util do bem ou serviço.	• Compra de materiais de escritório • Aluguel do escritório
Desembolso	Pagamento resultande da aquisição de um be ou serviço.	Pode ser a vista ou a prazo.	• Pagamento de fatura de materiais • Pagamento do salário dos funcionários
Investimento	Gasto com bem ou serviço em função da vida útil ou benefícios futuros.	Envolve a escolha entre diferentes opções, com diferentes níveis de risco e potencial de retorno.	• Máquinas • Veículos • Software
Custo Direto	Gasto relacionados a um bem e serviço utilizado na produção.	Facilmente associável ao produto final.	• Matéria-prima • Mão de Obra direta • Energia utilizada na produção
Custos Indiretos	Custos não facilmente vinculados a um único produto, mas a um conjunto ou à empresa.	Difíceis de associar diretamente ao produto final.	• Materiais indiretos • Depreciação de máquinas • Salário da gerência • Aluguel do prédio
Objeto de Custo	Item específico, atividade ou entidade para a qual os custos são acumulados e monitorados.	Permite análise de custos específicos.	• Produto específico • Serviço específico • Projeto específico • Departamento
Mão-de- Obra Direta	Funcionário que executa tarefas mensuráveis e agregadas diretamente ao produto.	Tempo dedicado ao produto é quantificável.	• Colaborador na linha de produção
Mão-de-Obra Indireta	Funcionário que não está diretamente ligado à produção.	Tarefas não diretamente relacionadas ao produto final.	• Supervisores • Pessoal administrativo • Pessoal da limpeza
Despesa	Gasto com bem ou serviço não utilizado na produção, mas para obter receitas.	Não faz parte d processo produtivo.	• Aluguel da loja • Material de escritório
Matéria-Prima	Material que sofre transformação em um processo produtivo.	Transformado em produto final	• Itens produzidos e comercializados pela empresa

2.3. de Conhecer os Custos

O principal objetivo de conhecer e dominar o custo é aumentar a competitividade da empresa através de uma metodologia que determine os custos dos itens comercializados, sua rentabilidade e sua viabilidade comercial e econômica.

Conhecer os custos é um componente essencial da gestão empresarial moderna, contribuindo para a tomada de decisões estratégicas, eficiência operacional e sustentabilidade financeira.

FATOS E DADOS

A competitividade provocada pela concorrência advinda da abertura de mercado em 1990, e a busca do crescimento sustentado provocaram nas empresas a grande corrida para o desenvolvimento e gerenciamento dos custos dos seus itens, acentuando cada vez mais a importância de acompanhar sua evolução, seus respectivos preços de vendas e servindo também como orientação nas decisões de permanência ou não destes itens, no rol dos produtos comercializados (FERREIRA, 2007).

2.4. Consequências da Ausência de Informações de Custos

Graves são as consequências, para a empresa, da ausência de informações sobre os seus custos. Dentro delas podemos enumerar:

1. Desconhecimento do lucro por Produto fabricado;

2. Aplicação do Capital de Giro através da fabricação para estoques de produto pouco rentável;

3. Esforço de venda orientado para produtos menos lucrativos;

4. Desconhecimento dos custos das atividades da empresa;

5. Falta de informação necessária para incentivar ou fixar ações para redução de custo;

6. Ameaças a estabilidade econômica, financeira e consequente crescimento da empresa;

7. Menor lucro e menor rentabilidade.

RECAPITULANDO

• Existem vários diferentes conceitos sobre Custo. Gestores que compreendem estes conceitos e termos são capazes de melhor utilizarem as informações e evitarem informações equivocadas de custos

• Um objeto de custo pode ser um produto, serviço, projeto, cliente, atividades ou departamento na qual uma medida de custo é desejada.

• O principal objetivo de conhecer e dominar o custo é aumentar a competitividade da empresa.

3   Classificação de Custos

A classificação de custos é um aspecto fundamental por fornecer uma estrutura essencial para entender e gerenciar os gastos de uma empresa. Neste capítulo, exploraremos os diferentes critérios e métodos utilizados para classificar os custos dentro de uma organização.

Ao longo deste capítulo, examinaremos as diversas maneiras pelas quais os custos podem ser categorizados, desde a perspectiva da função até a identificação de custos específicos associados a produtos, serviços ou projetos. Além disso, discutiremos a importância de uma classificação precisa dos custos para a tomada de decisões financeiras informadas e estratégicas.

Ao compreender os princípios subjacentes à classificação de custos, os gestores podem melhorar sua capacidade de analisar a rentabilidade, controlar os gastos e otimizar a alocação de recursos em toda a organização.

Portanto, este capítulo visa fornecer uma visão abrangente das diferentes formas de classificação de custos, destacando sua relevância para a sua gestão eficaz.

3.1   Em Relação aos Produtos Fabricados

Frequentemente a classificação de um custo como Direto ou Indireto causa alguma confusão inicial, visto que a distinção entre Direto e Indireto é feita primeiramente com base no julgamento da viabilidade econômica do levantamento da informação do custo.

Segundo, porque um custo pode ser classificado como Direto em relação a um produto e Indireto em relação a outro produto.

Exemplo: Em uma fábrica de móveis o gasto com água pode ser considerado como custo Indireto, visto que a água não incide diretamente na fabricação de um móvel, já numa fábrica de postes para distribuição de energia elétrica a água pode ser classificada como custo Direto, pois é parte integrante do concreto que é a matéria-prima principal para a fabricação de poste (FERREIRA, 2007).

Segundo Martins (1995) os custos em relação aos produtos fabricados podem ser classificados em:

Custos Diretos ou Custos traçados: são custos que podem ser apropriados diretamente aos produtos fabricados (ex. matéria-prima, embalagem etc.)

Custos Indiretos ou Custos alocados: são custos que, para serem apropriados ao produto, dependem de cálculos ou estimativas através de critérios de rateios (ex. aluguel, salários depreciação, etc.)

Custo Atribuído: é o custo final do produto ou serviço, envolvendo os custos diretos e os custos indiretos para sua obtenção.

Objeto de Custo

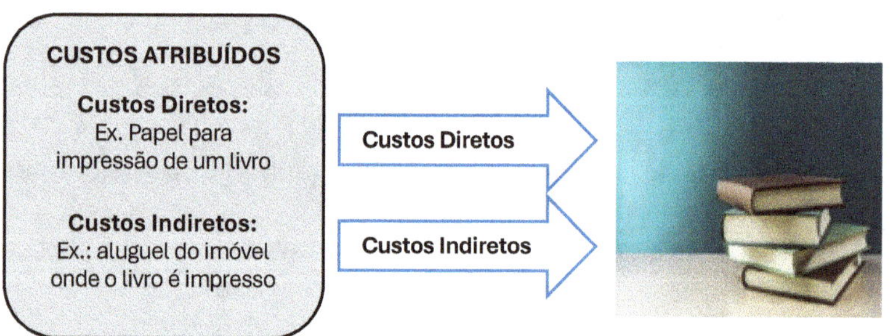

3.1.1 Fatores que afetam os Custos Diretos e Indiretos:

A materialidade do custo: A importância do custo em questão. O que mais impacta no produto, aquele que é economicamente viável de ser levantado.

A tecnologia disponível para o levantamento da informação: O desenvolvimento da tecnologia da informação ampliou a apropriação nos produtos dos custos classificados como diretos. Ex.: o código de barras utilizado nas linhas de produção permitiu a apropriação de custos antes classificados como indiretos devido à dificuldade de obtenção de informação precisa da participação destes custos no produto.

Projeto e Definição do Processo: a definição do projeto do processo facilita a apropriação de um custo como direto, pois se torna possível identificar o custo de um item utilizado em um produto ou para um cliente específico.

Acordos contratuais: o contrato de fabricação de um determinado produto para um cliente específico, um chip de computador para a Intel como exemplo, permite que se classifique como direto os custos dos componentes para a fabricação daquele chip.

REFLITA

Levantar o custo tem um custo em si, e é fundamental avaliar o custo-benefício dessa ação. Enquanto a obtenção de informações detalhadas sobre os custos pode fornecer insights valiosos para a tomada de decisões empresariais, o processo em si consome recursos financeiros, temporais e humanos. Portanto, é crucial analisar se os benefícios potenciais da obtenção dessas informações superam os custos associados a ela. Essa avaliação cuidadosa ajuda as empresas a priorizarem seus esforços de coleta de dados e a garantirem que estejam utilizando eficientemente seus recursos na busca de informações que realmente agreguem valor ao processo decisório.

Levantar o custo de entrega de uma encomenda para um cliente é economicamente viável, enquanto o custo da etiqueta do endereço do cliente provavelmente deva ser classificado como indireto, pois não é economicamente viável levantar seu custo individual. Os benefícios de conhecer o valor exato de cada etiqueta não excedem o custo do levantamento desta informação. O *custo tem um custo* e tem-se que avaliar o custo-benefício do esforço utilizado para apurá-lo.

Custo Benéfico do Levantamento de Informações para Custos

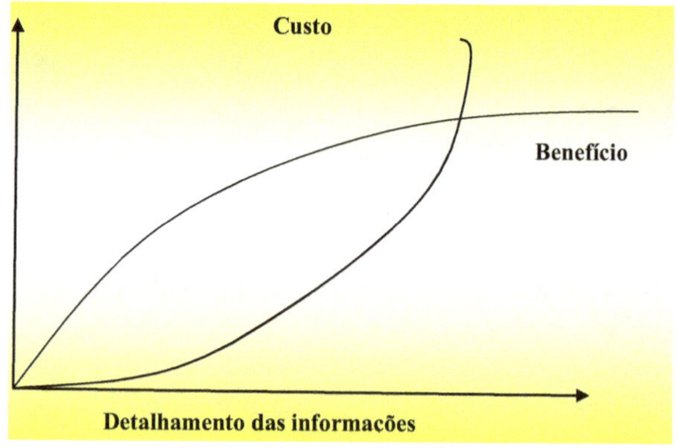

Fonte: Ferreira (2007).

3.2 Em Relação aos Níveis de Produção e de Vendas

A classificação dos custos em relação ao nível de produção e de vendas, é fundamental na gestão de custos e no planejamento financeiro. Exploramos as duas principais categorias: custos fixos, constantes independentemente da produção, e custos variáveis, que flutuam com a produção e com as vendas. Compreender essa classificação é essencial para otimizar custos, tomar decisões sobre capacidade de produção e alocação de recursos, impactando a saúde financeira da empresa.

A classificação dos custos em relação ao nível de produção e de vendas, é fundamental na gestão de custos e no planejamento financeiro. Exploramos as duas principais categorias: custos fixos, constantes independentemente da produção, e custos variáveis, que flutuam com a produção e com as vendas. Compreender essa classificação é essencial para otimizar custos, tomar decisões sobre capacidade de produção e alocação de recursos, impactando a saúde financeira da empresa.

3.2.1 Custos Fixos

Custos fixos são aqueles que não se alteram com o volume de produção ou vendas da empresa. Ou seja, permanecem constantes, independentemente da quantidade de bens ou serviços que a empresa produz ou vende.

Características:

Comportamento linear: Não se alteram com a produção ou vendas.

Previsíveis: São facilmente previsíveis e podem ser orçados com antecedência.

Controláveis: A empresa pode ter algum controle sobre os custos fixos a longo prazo, mas no curto prazo, geralmente são fixos.

Exemplos:

Aluguel: O valor do aluguel do prédio da empresa é fixo, independentemente da produção ou vendas.

Salários: Os salários dos funcionários são fixos, mesmo que a produção ou vendas variem.

Depreciação: A depreciação dos equipamentos da empresa é fixa, mesmo que a produção ou vendas variem.

Seguros: O valor do seguro da empresa é fixo, mesmo que a produção ou vendas variem.

Manutenção de Equipamentos de Escritório: Os custos de manutenção dos equipamentos da empresa são fixos, mesmo que a produção ou vendas variem.

Utilitários: As contas de luz, água e gás da empresa são fixas, mesmo que a produção ou vendas variem.

Materiais de Expediente: Materiais utilizados no dia a dia da empresa para o desenvolvimento das suas atividades, como papel, canetas, lápis, pastas, toner, tinta para impressora, etc., são fixos, mesmo que a produção ou vendas variem.

Telecomunicações: Custos com serviços de telefonia, internet e outros serviços de comunicação, são fixos, mesmo que a produção ou vendas variem.

Marketing e Publicidade: Custos com ações de marketing e publicidade para promover a empresa e seus **produtos ou** serviços, quando definidos como um montante a ser gasto, são fixos, mesmo que a produção ou vendas variem.

Impostos e Taxas Municipais: (IPVA/IPTU): Impostos pagos sobre veículos e imóveis da empresa, são fixos, mesmo que a produção ou vendas variem

Pró-labore: Remuneração paga aos sócios da empresa.

Honorários contábeis: Custos com serviços de contabilidade para a empresa.

Honorários Advocatícios: Custos com serviços jurídicos para a empresa.

Despesas com Correio: Custos com serviços de postagem para a empresa.

Atenção: A classificação de um custo como fixo pode variar de acordo com a empresa e o ramo de atividade.

O gerenciamento eficaz dos custos fixos é fundamental para a lucratividade das empresas, pois permite:

Reduzir custos: Identificar e eliminar custos fixos desnecessários.

Melhorar a precificação dos produtos: Calcular o preço de venda de forma a garantir a lucratividade da empresa, mesmo que a produção ou vendas variem.

Tomar decisões estratégicas: Avaliar o impacto de diferentes decisões sobre os custos fixos da empresa.

Gráfico da Variação do Custo Fixo Unitário em Relação ao Volume Produzido

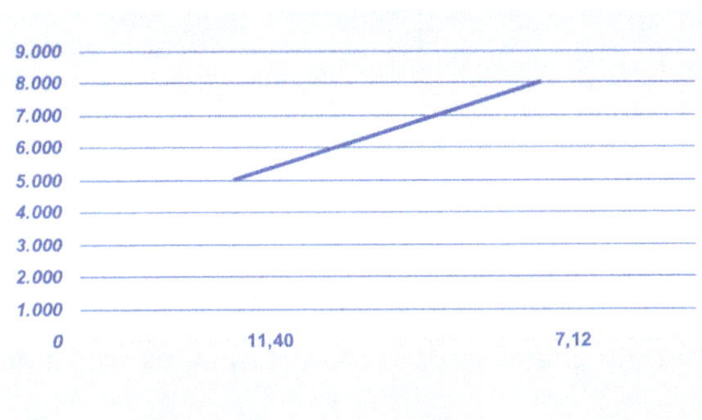

Fonte: Ferreira (2007).

3.2.2 Custos Variáveis

São custos que se alteram com o volume de produção e de vendas. Embora os custos variáveis unitários permaneçam constantes, o total desses custos aumenta ou diminui em proporção direta ao aumento ou à redução da produção e das vendas. Na indústria, os Custos Variáveis são divididos em Custos Variáveis de Produção e Custos Variáveis de Vendas:

3.2.2.1 Custos Variáveis de Produção

Os custos variáveis de produção são aqueles que se alteram de forma proporcional ao volume de produção da empresa. Ou seja, quanto mais se produz, mais se gasta com esses custos, e vice-versa.

Características:

Diretamente relacionados à produção: Estão diretamente ligados ao processo de produção de bens ou serviços.

Comportamento linear: Aumentam ou diminuem na mesma proporção que a produção.

Previsíveis: É possível estimar com razoável grau de precisão o seu valor para diferentes níveis de produção.

Controláveis: A empresa pode, em certa medida, controlar o seu valor através de medidas como a escolha de fornecedores, processos de produção e gestão de estoques.

Exemplos:

Matéria-prima: A quantidade de matéria-prima utilizada aumenta proporcionalmente à produção.

Energia: O consumo de energia aumenta com a produção.

Materiais Auxiliares de Produção: lubrificantes, ferramentas descartáveis, aumenta proporcionalmente à produção.

Manutenção de Máquinas e Equipamentos: manutenção corretiva, aumenta com a produção.

Fretes de Compras: transporte de insumos e matérias-primas utilizados na produção, aumenta proporcionalmente à produção.

Horas extras: pagamento de horas trabalhadas além da jornada normal, aumenta com a produção.

O gerenciamento eficaz dos custos variáveis de produção é fundamental para a competitividade das empresas, pois permite:

Reduzir custos de produção: Identificar e eliminar desperdícios, negociar melhores preços com fornecedores e otimizar processos.

Melhorar a precificação dos produtos: Calcular o preço de venda de forma a garantir a lucratividade da empresa.

Tomar decisões estratégicas: Avaliar o impacto de diferentes cenários de produção nos custos da empresa.

3.2.2.2 Custos Variáveis de Vendas

Os custos variáveis de vendas são aqueles que se alteram de forma proporcional ao volume de vendas da empresa. Ou seja, quanto mais se vende, mais se gasta com esses custos, e vice-versa.

Características:

Diretamente relacionados às vendas: Estão diretamente ligados ao processo de venda de bens ou serviços.

Comportamento linear: Aumentam ou diminuem na mesma proporção que as vendas.

Previsíveis: É possível estimar com razoável grau de precisão o seu valor para diferentes níveis de vendas.

Controláveis: A empresa pode, em certa medida, controlar o seu valor através de medidas como a escolha de canais de venda, políticas de desconto e estratégias de marketing.

Exemplos:

Comissões de vendas: As comissões pagas aos vendedores aumentam com o volume de vendas.

Frete de Entrega: O custo de frete aumenta com o volume de produtos vendidos.

Embalagens: A quantidade de embalagens utilizadas aumenta com a quantidade de produtos vendidos.

Marketing e publicidade: Os gastos com marketing e publicidade, se definidos como um percentual da receita, podem aumentar com o objetivo de aumentar as vendas.

Descontos e promoções: O valor dos descontos e promoções concedidos aos clientes diminui a receita da empresa.

Custos de cobrança: Os custos de cobrança de inadimplentes aumentam com o volume de vendas a prazo.

Impostos sobre vendas (PIS/COFINS, ICMS, SIMPLES NACIONAL): O valor dos impostos sobre vendas aumenta com o volume de vendas. No Brasil incide sobre a empresa os seguintes impostos sobre vendas:

ICMS (Imposto sobre Circulação de Mercadoria e Serviço): é um tributo estadual e seus valores são definidos pelos estados e Distrito Federal. Basicamente, é o imposto que incide quando um produto ou serviço tributável circula entre cidades, estados ou de pessoas jurídicas para pessoas físicas (como quando uma fábrica vende um produto para seu cliente).

PIS/COFINS (Programa de Integração Social/ Contribuição para o Financiamento da Seguridade Social): São tributos federais, de recolhimento mensal e deverão ser pagos todos os meses em que a empresa auferir receita ou faturamento. É uma alíquota cobrada sobre a Receita da empesa e servem para financiar o seguro-desemprego e o abono salarial; a Assistência Social, a Previdência Social e a saúde.

Simples Nacional: O Simples Nacional é um regime tributário que busca simplificar a vida de três tipos de empresas: Microempreendedores individuais, (MEI) Microempresas (ME), Empresas de pequeno porte (EPP). Empresas que optam por esse regime pagam um valor único que engloba vários impostos federais, estaduais e municipais. É uma alíquota cobrada sobre o Faturamento da Empresa.

Importância:

O gerenciamento eficaz dos custos variáveis de vendas é fundamental para a lucratividade das empresas, pois permite:

Determinar o preço de venda mínimo: Garantir que a empresa cubra seus custos variáveis e tenha lucro.

Avaliar a rentabilidade de diferentes canais de venda: Identificar quais canais são mais lucrativos para a empresa.

Otimizar as despesas com marketing e publicidade: Direcionar os investimentos para as ações mais eficazes.

Melhorar a gestão de estoques: Manter o nível ideal de estoques para evitar custos excessivos com armazenagem e obsolescência

Custo Variável Total Altera com o Volume de Produção

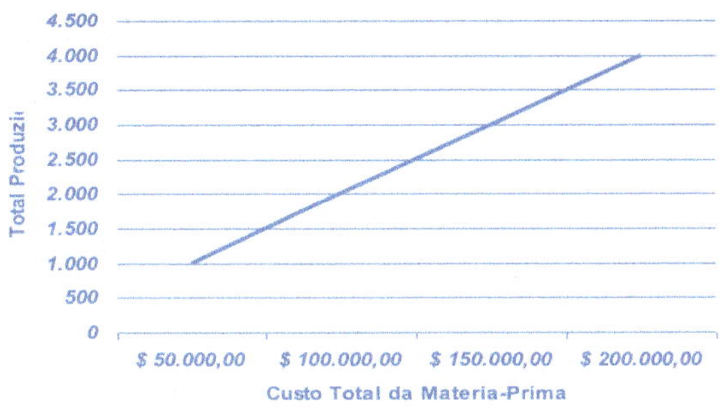

Fonte: Ferreira (2007).

Custo Variável Unitário (5% Comissão) não altera com o Volume de Vendas

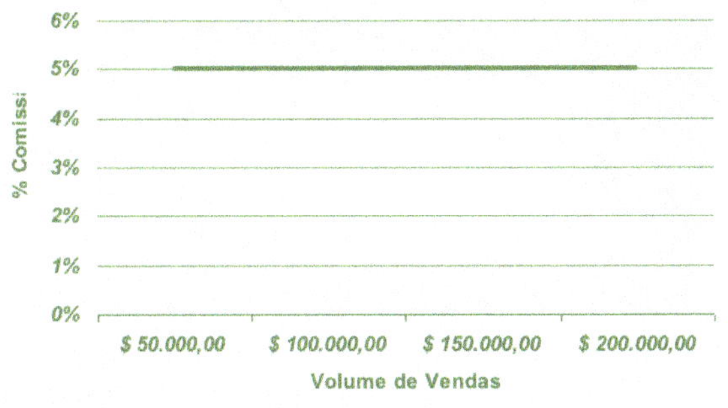

Fonte: Ferreira (2007).

Custos Fixos e Variáveis em relação ao Volume de Produção

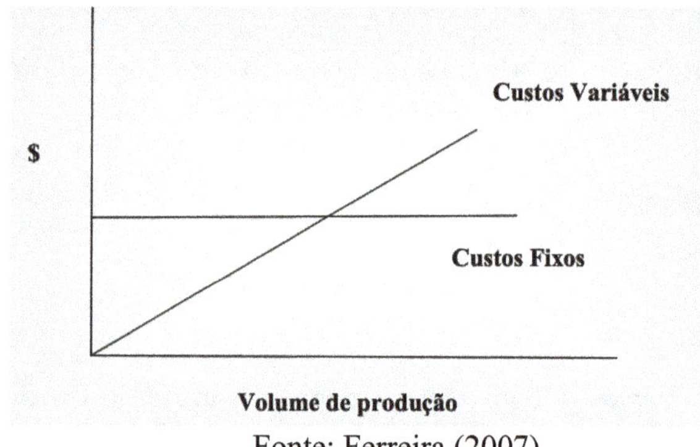

Fonte: Ferreira (2007).

3.2.3 Considerações para Análise e Determinação dos Custos Fixos e Variáveis

Segundo Welsh (1964, p.199), ao se estudar um custo com objetivo de caracterizá-lo como fixou ou variável, deve-se considerar os seguintes aspectos:

	Fixos	Variáveis
Controle	Os custos fixos são controlados por algum nível dentro da empresa. Normalmente, são controlados por níveis mais altos dentro da hierarquia organizacional	Os custos variáveis são controlados geralmente pelo centro de custos que o realiza.
Atividade	Os custos fixos são aqueles relacionados com a capacidade. São aqueles que independem do volume de atividade.	Esses custos variam em função do nível de atividade.
Período	Os custos fixos são sempre relacionados ao período	Os custos variáveis são relacionados as atividades

Decisão Administrativa	Os custos fixos ligam-se estreitamente as decisões tomadas pela administração.	Muito embora alguns custos variáveis possam ser alterados em virtude das decisões administrativas, isso acontecerá em relação ao seu total. Entretanto, sempre reagirão diante do volume de atividade sob taxas diferentes de variabilidade.
Faixa de Volume	Os custos fixos devem ser relacionados com uma faixa de volume. São raros os custos fixos que permanecem constantes além de uma faixa de volume.	Do mesmo modo que os custos fixos, os custos variáveis devem ser analisados dentro de uma faixa efetiva de volume. Fora dos limites dessa faixa, os custos variáveis terão normalmente outro comportamento quando tomados unitariamente.
Em relação à unidade do produto	Os custos fixos tornam-se variáveis.	Os custos variáveis tornam-se fixos.

3.2.4 Relacionamento entre os tipos de custos

Os custos podem ser simultaneamente:

Diretos e Variáveis: um custo direto e variável é aquele que pode ser diretamente associado a um produto específico e que varia proporcionalmente com o nível de produção ou de vendas desse produto. Esse tipo de custo é fundamental para entender como os custos se comportam em relação à atividade da empresa e é usado para análises de rentabilidade e tomada de decisões operacionais e estratégicas.

Por exemplo, a **energia elétrica** utilizada nas máquinas de produção, como os equipamentos de cozimento, esterilização e enlatamento, pode ser diretamente associada à fabricação dos alimentos enlatados. **Esse custo é diretamente rastreável e atribuído de forma direta à produção específica dos alimentos.**

Já a **quantidade de energia elétrica** consumida na produção dos alimentos enlatados **varia de acordo com o volume de produção.** Se a fábrica aumentar a produção, será necessário utilizar mais energia elétrica para operar as máquinas por um período maior, o que resultará em um aumento do custo total com energia elétrica. Da mesma forma, se a produção diminuir, o consumo de energia elétrica também diminuirá, reduzindo o custo total.

Portanto, o **custo da energia elétrica na produção de alimentos enlatados** é considerado **direto** porque está diretamente relacionado à fabricação dos produtos **e variável** porque varia proporcionalmente com o nível de produção.

Diretos e Fixos: Em termos conceituais, a ideia de um custo ser classificado como direto e fixo ao mesmo tempo pode parecer um tanto contraditória, pois, geralmente, os custos diretos estão associados à produção de um produto específico, enquanto os custos fixos permanecem inalterados independentemente do volume de produção. No entanto, há casos em que um custo pode ser considerado direto e fixo simultaneamente, dependendo do critério de análise utilizado.

Um exemplo que ilustra essa situação é **o aluguel de uma fábrica.** Vamos considerar uma empresa que aluga um espaço fabril exclusivamente para a produção de um único produto. Nesse caso: é considerado um **custo direto**, pois está diretamente associado à produção desse produto específico. Sem a utilização desse espaço fabril, a produção não seria possível. Portanto, o custo do aluguel é diretamente atribuído ao produto em questão.

O aluguel também é um **custo fixo**, pois permanece constante, independentemente do volume de produção. Mesmo que a empresa aumente ou diminua a quantidade de produtos fabricados, o valor do aluguel permanece o mesmo ao longo do contrato de locação.

Portanto, o **aluguel da fábrica** pode ser classificado **como direto** porque está diretamente ligado à produção de um produto específico **e fixo** porque permanece inalterado, independentemente do volume de produção

Indiretos e Variáveis: um custo pode ser classificado como indireto e variável simultaneamente se for compartilhado por várias atividades da empresa e se o seu valor total variar em resposta às mudanças no nível de atividade da empresa.

Um exemplo é o **custo de energia elétrica**, ele **é indireto** porque não pode ser facilmente atribuído a um produto específico ou linha de produção. Em vez disso, ele é compartilhado por todas as áreas da fábrica, como produção, administração, iluminação geral, entre outras. Não é possível identificar quanto dessa energia está sendo consumida por cada produto individualmente.

E este custo é **variável** porque varia proporcionalmente com o nível de atividade da fábrica. Quanto mais equipamentos estiverem em operação, maior será o consumo de energia elétrica. Por exemplo, se a produção aumentar, mais máquinas e equipamentos estarão em funcionamento, resultando em um aumento do consumo de energia elétrica. Da mesma forma, se a produção diminuir, haverá uma redução no consumo de energia elétrica.

Indiretos e Fixos: um custo pode ser classificado como indireto e fixo simultaneamente se for compartilhado por várias atividades da empresa e permanecer constante em termos de valor total, independentemente do nível de atividade da empresa.

Exemplos comuns incluem custos de administração geral, depreciação de equipamentos compartilhados e custos de manutenção de instalações, pois não podem ser diretamente rastreados para uma única atividade da empresa. Esses custos incluem despesas como salários dos funcionários administrativos, contas de energia elétrica e água para áreas comuns, despesas com manutenção de escritórios, entre outros. Esses custos são **indiretos** porque não podem ser atribuídos diretamente a produtos específicos da empresa. Além disso, se o total desses custos permanecer constante ao longo do tempo, independentemente do volume de produção ou de vendas, eles também podem ser considerados **custos fixos.**

Exemplo de Combinação de Custos Diretos/Indiretos e Variáveis/Fixos

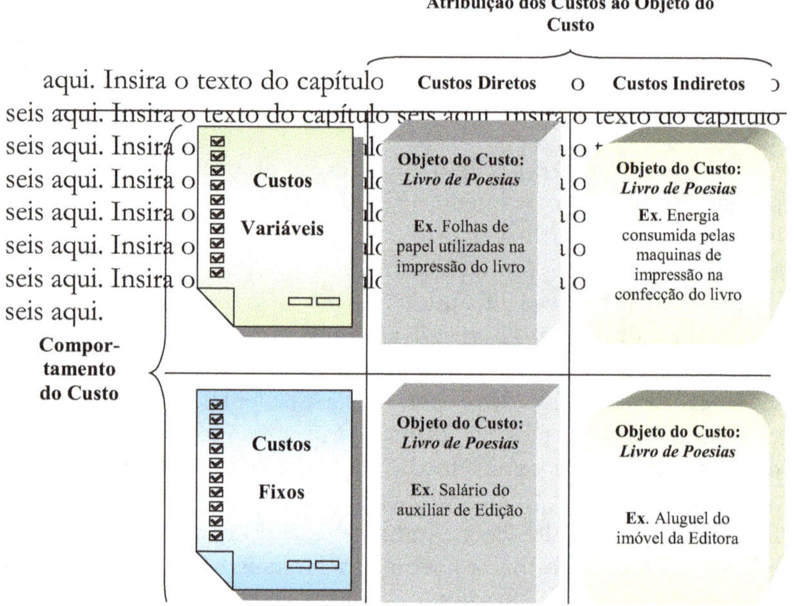

Outras classificações de custos:

Custos Históricos: são custos apurados após o encerramento do período (mês por exemplo).

Custos Predeterminados: são custos calculados antes que ocorram efetivamente. Utilizados principalmente para orçamentos e custo padrão. Ao utilizar o custo predeterminado, se faz necessário o levantamento do custo histórico para verificar variações ou distorções ocorridas.

Custos de Produção do Período: é a soma dos custos incorridos no período.

RECAPITULANDO

• Os custos variáveis se alteram conforme o volume e a atividade, enquanto os custos fixos totais permanecem constantes por um período, embora possam mudar em resposta a variações significativas, como o aumento repentino da demanda. Os custos variáveis variam em seu total, enquanto os custos fixos permanecem estáveis globalmente

• O custo direto é todo custo que pode ser apropriado diretamente a um objeto de custo e pode ser levantado de uma forma economicamente viável (relação custo-benefício). O custo indireto pode ser apropriado diretamente a um objeto de custo, desde que o custo-benefício do seu levantamento seja economicamente viável, porém usualmente, pela inviabilidade econômica do levantamento do custo indireto, ele é apropriado ao objeto de custo utilizando um critério de rateio.

CONSIDERAÇÕES

A Administração de Custos segundo Ferreira (2007) é uma poderosa ferramenta gerencial, oferece às empresas um fantástico diferencial competitivo, pois, possibilita o controle sobre cada item

comercializado, bem como propiciar ao gestor:

Estar apto a direcionar os custos dos produtos e analisar acuradamente todos os fatores que os dirigem, tais como variedade,

complexidade, escopo e mudança, e não apenas volume;

Estar apto a medir o custo da falha por toda a organização, de modo a concentrar a atenção dos dirigentes nas principais oportunidades de melhoria;

Estar apto a identificar os fatores que dirigem os custos, para que os dirigentes possam ser guiados para onde e quando possam direcionar melhor seus empenhos visando controlar os custos;

Estar apto a reconhecer e refletir a importância crucial de processos organizacional-chave;

Estar apto a identificar qual o processo de fabricação mais econômico, que preço praticar nos seus produtos e serviços, qual departamento da empresa utiliza mais eficientemente seus recursos, quais clientes mais contribuem para os lucros da companhia;

Ter instrumentos que permitam a análise gerencial periódica do desempenho da empresa através de suas unidades.

4   Utilizando a Análise Custo Volume Lucro (CVL) para Tomada de Decisão

O mercado brasileiro está em constante mudança, cada vez mais ágil, moderno e disputado. Podemos afirmar que hoje o mercado brasileiro é mais dinâmico. Este dinamismo que vemos hoje teve o seu gatilho no início da década de 90 quando o mercado brasileiro foi aberto para a globalização permitindo que empresas estrangeiras se instalasse no país e quando que diversos outros produtos e serviços chegassem as casas dos brasileiros.

Este mercado mais dinâmico tornou a tarefa de empresários e gestores de empresa cada vez mais difíceis, pois, toda decisão, desde então, deve ser tomada observando o mercado e mensurando os seus efeitos no faturamento e no lucro da empresa. Com a vinda de novos produtos e concorrentes para o mercado nacional a necessidade de investimentos em estrutura qualificação e propaganda começou a crescer, e ser elevada em consideração já a partir da escolha do Mix de Produtos da empresa, como também na formação do preço de venda e dos custos dos produtos.

Para otimizar os resultados da empresa e conseguir prever os efeitos de cada decisão ou movimento de mercado dentro das empresas, surgi a necessidade de uma ferramenta que avalie a proporção entre preço de venda, custos, volume de produção e vendas e a rentabilidade da empresa, ou seja, o tão precioso lucro.

A ferramenta que possui essa função é denominada de **Análise Custo/Volume/Lucro ou Análise CVL**, entrega informações de suma importância para empresários e gestores das empresas, os permitindo tomarem decisões é mensurando o impacto no faturamento e lucro a serem obtidos com cada mudança do mercado ou planejamento e estratégias tomadas.

A análise **CUSTO-VOLUME-LUCRO (CVL)**, é uma importante ferramenta utilizada pelas empresas na indústria para entender a relação entre o volume de produção, os custos totais e o lucro. Essa análise fornece informações valiosas para ajudar na tomada de decisões estratégicas, como precificação de produtos, determinação de metas de vendas e avaliação de rentabilidade.

Na indústria, a análise volume-lucro permite que os gestores compreendam como os custos fixos e variáveis afetam o resultado financeiro da empresa em diferentes níveis de produção ou vendas. Os custos fixos, como aluguel de instalações e salários administrativos, permanecem constantes independentemente do volume de produção, enquanto os custos variáveis, como matéria-prima e mão de obra direta, aumentam ou diminuem proporcionalmente com o volume de produção.

Ao realizar a análise volume-lucro, os gestores podem determinar o ponto de equilíbrio, que é o nível de produção em que os custos totais são iguais às receitas totais, resultando em lucro zero. Além disso, podem identificar a margem de segurança, que é a diferença entre as vendas atuais e o ponto de equilíbrio, representando a capacidade da empresa de suportar quedas nas vendas sem incorrer em prejuízos.

Por meio dessa análise, os gestores podem avaliar o impacto de diferentes estratégias, como redução de custos, aumento de preços ou expansão da capacidade de produção, na lucratividade da empresa. Dessa forma, a análise volume-lucro ajuda as empresas na indústria a maximizar os lucros, otimizar a eficiência operacional e garantir a sustentabilidade financeira a longo prazo

4.1 Elementos da Gestão de Custos para Análise CVL

Neste tópico iremos verificar que a **ANÁLISE CVL** reúne conceitos de três outros elementos da gestão de custos que são **a Margem de Contribuição, o Ponto de Equilíbrio** e por fim a **Margem de Segurança**. Através da análise conjunta destes elementos e atribuindo cenários e perspectiva de resultados e lucros. A análise

CVL permite ao gestor de custos prever os impactos das suas decisões nos demonstrativos de resultado projetados e assim tomar decisões como a melhor escolha do Mix de Produtos que a empresa irá trabalhar.

4.1.1 Margem de Contribuição

A Margem de Contribuição é um conceito fundamental na análise custo-volume-lucro (CVL) e na gestão financeira das empresas. Refere-se à diferença entre as receitas de vendas e os custos variáveis associados à produção ou venda de um produto ou serviço. Em outras palavras, a Margem de Contribuição representa a quantia disponível para cobrir os custos fixos e gerar lucro após a dedução dos custos variáveis.

Essencialmente, a Margem de Contribuição é a contribuição de cada unidade vendida para cobrir os custos fixos e gerar lucro. É uma medida importante porque mostra o quanto cada venda contribui para a geração de lucro após a cobertura dos custos variáveis. Quanto maior a Margem de Contribuição por unidade, maior será a contribuição para cobrir os custos fixos e gerar lucro.

A Margem de Contribuição representa o valor que a unidade de um produto produzido e comercializado pela empresa, deduzidos seus custos variáveis, contribui para pagar os custos fixos da operação (Ferreira, 2007).

A fórmula para calcular a Margem de Contribuição por unidade é:

$$MC = PV - CVU$$

Onde:

MC: Margem de Contribuição

PV: Preço de Venda

CVU: Custo Variável Unitário

A fórmula para calcular a Margem de Contribuição Total é:

$$MCT = RT - CVT$$

Onde:

MCT: Margem de Contribuição Total

RT: Receita Total

CVT: Custos Variáveis Totais

A Margem de Contribuição é uma ferramenta importante para os gestores na tomada de decisões financeiras, como precificação de produtos, determinação de mix de produtos, análise de rentabilidade por linha de produtos e estabelecimento de metas de vendas. Ela ajuda a identificar quais produtos ou serviços contribuem mais significativamente para a geração de lucro e alocar recursos de forma mais eficiente para maximizar os resultados financeiros da empresa.

Como exemplo de aplicação da Margem de Contribuição, vamos considerar uma indústria de fabricação de móveis. Suponha que essa empresa produza e venda mesas de escritório. Aqui está um exemplo de como a Margem de Contribuição pode ser calculada e aplicada nesse contexto:

Preço de Venda por Unidade: A empresa vende cada mesa de escritório por $200,00.

Custos Variáveis por Unidade: Os custos variáveis associados à produção de cada mesa incluem materiais como madeira, parafusos e tinta, que totalizam $80,00 por unidade.

Agora, podemos calcular a **Margem de Contribuição por unidade:**

$$MC = PV - CVU$$
$$MC = 200,00 - 80,00$$
$$MC = 120,00$$

Isso significa que, para cada mesa de escritório vendida, $120,00 contribuem para cobrir os custos fixos da empresa e gerar lucro.

Além disso, podemos calcular a **Margem de Contribuição Total**. Suponha que a empresa tenha vendido **500** mesas de escritório no último mês. Então:

Calculando as Receitas Totais

$$RT = PV \; x \; N^{\underline{o}} \; Unidades \; Vendidas$$

$$RT = 200,00 \; x \; 500$$

$$RT = 100.000,00$$

Calculando os **Custos Variáveis Totais**

$$CVT = CVU \; x \; N^{\underline{o}} \; Unidades \; Vendidas$$

$$CVT = 80,00 \; x \; 500$$

$$CVT = 40.000,00$$

Agora, podemos calcular a **Margem de Contribuição Total**:

$$MCT = RT - CVT$$

$$MCT = 100.000,00 - 40.000,00$$

$$Margem \; de \; Contribuição \; Total = 60.000,00$$

Isso significa que, no último mês, a empresa gerou uma Margem de Contribuição Total de **$60.000,00** com a venda das mesas de escritório. Esse valor pode ser usado para cobrir os custos fixos da empresa, como aluguel da fábrica, salários administrativos etc., e gerar lucro.

A compreensão da margem de contribuição na indústria é fundamental para a tomada de decisões estratégicas e a sustentabilidade financeira das empresas. Ao conhecer a margem de contribuição, que representa a diferença entre o preço de venda e os custos variáveis associados à produção, os gestores podem avaliar a viabilidade de produtos, identificar oportunidades de redução de custos e maximizar os lucros. Além disso, a análise da margem de contribuição permite uma alocação mais eficiente de recursos e investimentos, contribuindo para a competitividade e o crescimento do negócio no mercado industrial.

4.1.2   Margem de Segurança

A Margem de Segurança indica a diferença entre o volume de vendas atual e o ponto de equilíbrio, ou seja, a quantidade de vendas necessária para cobrir todos os custos e despesas fixas de uma empresa. Em termos percentuais, a margem de segurança representa a proporção das vendas que excede o ponto de equilíbrio, demonstrando o quanto as vendas podem sofrer de queda sem com isso realizar prejuízos.

Quanto maior a margem de segurança, mais seguro é o negócio, pois há uma folga maior entre as vendas atuais e o ponto em que a empresa começa a gerar lucro. A

A margem de segurança é uma medida importante para avaliar a capacidade da empresa de enfrentar variações nas condições de mercado, como mudanças na demanda ou aumento nos custos, sem comprometer sua rentabilidade ou sustentabilidade financeira. Em resumo, a margem de segurança proporciona uma visão sobre a robustez financeira da empresa e sua capacidade de lidar com imprevistos.

Além de indicar a diferença entre o volume de vendas atual e o ponto de equilíbrio, a margem de segurança é uma métrica valiosa para os gestores entenderem o nível de risco operacional da empresa. Quanto maior a margem de segurança, mais protegida a empresa está contra variações adversas no ambiente de negócios, como flutuações na demanda do mercado, aumento dos custos de produção ou competição acirrada. Ter uma margem de segurança robusta pode proporcionar maior tranquilidade para os gestores, pois significa que a empresa tem uma folga financeira para lidar com eventuais desafios sem comprometer sua estabilidade financeira ou lucratividade.

Além disso, a margem de segurança pode ser usada como uma métrica de desempenho ao longo do tempo. Os gestores podem monitorar a variação da margem de segurança para avaliar a eficácia das estratégias adotadas pela empresa. Se a margem de segurança estiver aumentando, isso pode indicar uma melhoria na eficiência operacional, uma melhor gestão de custos ou um aumento na demanda pelos produtos ou serviços da empresa. Por outro lado, uma diminuição na margem de segurança pode sinalizar problemas que precisam ser abordados, como aumento dos custos ou queda nas vendas.

A margem de segurança é uma ferramenta essencial para os gestores avaliarem a saúde financeira e a resiliência operacional da empresa, fornecendo insights valiosos para a tomada de decisões estratégicas e o planejamento financeiro.

A fórmula para calcular a **Margem de Segurança** é

$$MS = Volume\ de\ Vendas\ (\$) - PE(\$)$$

Volume de Vendas Atual: representa a quantidade de vendas ou receita que a empresa está gerando em um determinado período.

Ponto de Equilíbrio: é o nível de vendas em que os custos totais são iguais à receita total, ou seja, onde o lucro é zero.

Como exemplo do cálculo da Margem de Segurança, vamos supor que uma empresa tem os seguintes dados:

- **Volume de vendas atual:** $100.000,00
- **Ponto de equilíbrio:** $80.000,00

Para calcular a margem de segurança, utilizamos a fórmula:

$$MS = Volume\ de\ Vendas\ (\$) - PE(\$)$$
$$MS = 100.000,00 - 80.000,00$$
$$Margem\ de\ Segurança = 20.000,00$$

Portanto, a margem de segurança da empresa é de **$20.000,00.** Isso significa que a empresa pode suportar uma queda de até **$20.000,00** nas vendas antes de começar a ter prejuízo.

4.2   Aplicações da Análise CVL na Gestão de Custos

A CVL pode orientar os gestores para decisões como apresentaremos a seguir.

4.2.1   Decisão sobre Investimento em Propaganda

A análise do Custo de Vida do Cliente (CVL) é uma ferramenta importante para a tomada de decisões relacionadas a investimentos em propaganda. O CVL refere-se ao valor total que uma cliente gasta durante todo o relacionamento com uma empresa, desde a primeira compra até possíveis compras futuras. Ao entender o CVL, as empresas podem determinar quanto estão dispostas a gastar para adquirir um novo cliente ou reter os existentes.

Investir em propaganda sem uma análise adequada do CVL pode resultar em alocação ineficiente de recursos. Por exemplo, se o custo de aquisição de clientes por meio de uma campanha publicitária excede o CVL, isso significa que a empresa está perdendo dinheiro em cada novo cliente adquirido. Por outro lado, se o custo de aquisição for menor que o CVL, a empresa está gerando lucro com cada novo cliente.

Portanto, ao analisar o CVL para decisões de investimento em propaganda, as empresas podem determinar o retorno esperado do investimento em publicidade, identificar os canais de publicidade mais eficazes e maximizar o impacto de suas campanhas publicitárias, garantindo assim uma alocação eficiente de recursos e uma estratégia de marketing mais rentável.

Para melhor compreendermos a utilização da CVL, tomemos como exemplo a empresa CAMISARIA CORTE CERTO LTDA,

como exemplo, supondo que a empresa esteja projetando uma venda de 150 camisas em uma feira de exposição na qual participa a um preço de $100,00 por camisa, os custos variáveis para produção e vendas de casa camisa é de $70,00 e a empresa visa obter um lucro de $ 1.500,00. A diretora de vendas da CAMISARIA CORTE CERTO LTDA é procurada pela empresa de Publicidade VENDE TUDO, que está coordenando as negociações nesta feira. A VENDE TUDO, oferece a veiculação de uma propaganda sobre a empresa em um caderno especial do evento. A propaganda custará $ 1.000,00. Este custo será fixo, não sofrendo qualquer alteração, independente ao número de camisas que a empresa vender neste evento. A diretora de vendas tem como expectativa, que a propaganda aumentará sua venda para 180 camisas.

Analisando a tabela a seguir, é possível decidir se a empresa deve ou não investir nesta propaganda:

- Preço da Camisa: $ 100,00
- Custos Variáveis Unitários: $ 70,00
- Margem de Contribuição: $30,00 (Preço – Custos Variáveis)

	150 camisas vendidos sem propaganda	180 camisas vendidos com propaganda	Diferença
	-1	-2	(3) = (2) – (1)
Margem de Contribuição ($30,00)	$4.500,00	$5.400,00	$900,00
Custos Fixos	$3.000,00	$4.000,00	$1.000,00
Lucro Operacional	$1.500,00	$1.400,00	-$100,00

Conclui-se que:

Ao investir na propaganda, o lucro da empresa sofrerá de $ 100,00. Desta maneira, a CAMISARIA CORTE CERTO LTDA não deve anunciar neste caderno especial do evento. Analisando a coluna da Diferença (3), chega-se a conclusão de que se a empresa fizer o anúncio proposto pela agência de propaganda, a margem de contribuição aumentará em $ 900,00, porém os custos fixos, aumentarão também em $ 1.000,00, reduzindo o lucro operacional da empresa em **$ 100,00.**

4.2.2　Decisão para Redução no Preço de Vendas

A análise do CVL orienta também na decisão sobre reduzir ou não o preço de um produto, provocando o aumento no volume de vendas e consequentemente a receita da empresa.

Tome-se com exemplo CAMISARIA CORTE CERTO LTDA., supondo-se que a empresa decida em reduzir o preço de venda unitário da camisa para $ 85,00 com base em uma redução de custos conseguida pela fábrica de $ 70,00 para $ 65,00. A gerente de vendas acredita que com a redução no preço de $ 100,00 para $ 85,00, será possível vender 180 camisas sem precisar investir em propaganda, já que este gasto se mostrou inviável.

Com base na análise do CVL tem-se:

Resultado	Preço $ 100,00	Preço $ 85,00
	($ 100,00 - $ 70,00) x 150	($ 85,00 - $ 65,00) x 180
Margem de Contribuição	$ 4.500,00	$ 3.600,00
Custos Fixos	$ 3.000,00	$ 3.000,00
Lucro Operacional	$1.500,00	$600,00

> *Margem de Contribuição após redução de preço para $ 85,00:*
>
> *($ 85 - $ 65) x 180 = $ 3.600,00*
>
> *Margem de Contribuição para preço normal $ 100,00:*
>
> *($ 100- $ 70) x 150 $ 4.500,00*

Conclui-se que:

Mesmo com o aumento nas unidades vendidas em 30 peças, a redução de preços provoca a diminuição na margem de contribuição total, reduzindo consequentemente o lucro operacional da empresa, já que, os custos fixos permanecem os mesmos, demonstrando a inviabilidade desta estratégia.

4.2.3   Análise de Sensibilidade e Incerteza

Antes de decidir por uma alternativa, os gestores frequentemente se orientam pela Análise de Sensibilidade, também conhecida como análise de "what-if", é uma técnica utilizada para avaliar como diferentes variações nos volumes de produção e vendas afetam os resultados financeiros de uma empresa.

É a técnica que os gestores utilizam para examinar como os resultados se comportariam se uma das hipóteses iniciais sofressem alteração respondendo algumas questões como:

- **Qual seria o lucro operacional se houvesse uma queda de 5% nas vendas inicialmente projetadas?**

- **Qual seria o lucro operacional se os custos variáveis unitários aumentassem em 10%?**

No Custeio Variável, os custos variáveis são aqueles que variam proporcionalmente com o volume de produção ou vendas, enquanto os custos fixos permanecem constantes independentemente do volume.

Ao realizar uma análise de sensibilidade, a empresa examina como mudanças nos volumes de produção ou vendas influenciam o lucro ou a margem de contribuição. Isso pode ser feito variando o volume de unidades produzidas e vendidas e observando como isso afeta os custos variáveis totais, a margem de contribuição total e o lucro operacional.

Essa análise é útil para entender a sensibilidade do lucro ou da margem de contribuição a diferentes cenários de vendas ou produção e para tomar decisões estratégicas, como estabelecer metas de vendas, definir preços de produtos ou determinar os níveis ideais de produção.

O uso de planilhas eletrônicas possibilita aos gestores que utilizarem a técnica da Análise Sensitiva de uma maneira sistemática e eficiente. Com o recurso de planilhas eletrônicas, podem facilmente conduzir a análise para examinar os efeitos e iterações das mudanças nos preços de venda, nos custos variáveis, nos custos fixos e na projeção do lucro operacional.

Como apontado por Kaplan e Atkinson (1989), muitas decisões gerenciais requerem a análise do comportamento de custos e lucros em relação as suas expectativas do volume de vendas, sendo que a maior incerteza, não está relacionada com custos e preços dos produtos, mas com a quantidade a ser vendida. A Análise de Custo/Volume/Lucro, torna possível analisar os efeitos das mudanças nos volumes de vendas e na consequente lucratividade da organização.

A competitividade cada vez mais acirrada no mundo dos negócios tem conduzido os gestores na busca por soluções acertadas que possibilitem otimizar os resultados melhorando a obtenção de lucros. Quando a concorrência é grande, preços competitivos são uma boa maneira de atrair e cativar clientes.

Tome-se como exemplo uma planilha da simulação da Análise de Sensibilidade da CAMISARIA CORTE CERTO LTDA, para diferentes hipóteses de lucro, custos variáveis e custos fixos:

Planilha de Análise do CVL da CAMISARIA CORTE CERTO LTDA.

Custos Fixos	Custo Variável Unitário	Receita Necessária, com um Preço de Venda de $ 100,00 para obter o lucro de:			
		0	1.500,00	2.000,00	3.000,00
	70	10.000,00	15.000,00	16.666,67	20.000,00
3.000,00	85	20.000,00	30.000,00	33.333,33	40.000,00
	95	60.000,00	90.000,00	100.000,00	120.000,00
	70	11.666,67	16.666,67	18.333,33	21.666,67
3.500,00	85	23.333,33	33.333,33	36.666,67	43.333,33
	95	70.000,00	100.000,00	110.000,00	130.000,00
	70	13.333,33	18.333,33	20.000,00	23.333,33
4.000,00	85	26.666,67	36.666,67	40.000,00	46.666,67
	95	80.000,00	110.000,00	120.000,00	140.000,00

Ao utilizar uma planilha, a empresa pode visualizar de maneira fácil e rápida, a necessidade de receita. Se praticar o preço de venda unitário de $ 100,00 por camisa, obtendo diferentes lucros operacionais considerando os vários níveis de custos fixos e custos variáveis da empresa.

Com um custo fixo de $ 3.000,00 e um custo variável unitário de $ 85,00 por unidade de camisa, seria necessária uma receita de $ 20.000,00 para que a empresa opere no equilíbrio (lucro operacional igual a zero). Mantendo as condições de custos fixos e variáveis, para que a empresa obtenha um lucro operacional de $ 3.000,00, é necessária uma receita de $ 40.000,00.

A empresa pode também simular, qual será a receita necessária (no exemplo dado $ 80.000,00), para alcançar o ponto de equilíbrio caso o custo fixo (aluguel do estande da feira) aumentar para $ 3.500,00 e os custo variáveis subirem para $ 95.00 a unidade.

A análise da sensibilidade possibilita ao gestor projetar cenários positivos ou não, caso uma expectativa prevista não se realize. Outra possibilidade é o cálculo dos resultados operacionais diante de uma expectativa de queda ou aumento de receitas e despesas.

Um dos aspectos mais importante da análise da sensibilidade é à margem de segurança. A margem de segurança é a quantidade vendida menos o ponto de equilíbrio.

Como exemplo do cálculo da margem de segurança, consideremos que os custos fixos da C&C Ltda. sejam de $ 3.000,00, o preço de venda unitária da camisa $ 100,00, os custos variáveis unitários por unidade $ 70,00.

Para 150 unidades vendidas, a receita será de $ 15.000,00 e o lucro operacional $ 1.500,00 e o ponto de equilíbrio é de 100 unidades ou $ 10.000,00. A margem de segurança é de $ 5.000,00 ($ 15.000, 00 - $ 10.000,00) ou 50 camisas (150 – 100 camisas). Isto é, a empresa pode ter uma queda de vendas de 50 camisa que ainda permanecerá em equilíbrio (lucro igual a zero).

4.2.4   Grau de Alavancagem

O grau de alavancagem está relacionado à medida em que os custos fixos impactam o lucro operacional de uma empresa em relação às variações na receita ou volume de vendas. Existem dois tipos principais de grau de alavancagem:

Grau de Alavancagem Operacional (GAO): Refere-se à sensibilidade do lucro operacional, antes dos juros e impostos (***EBIT - Earnings Before Interest and taxes***), às mudanças no volume de vendas. O GAO indica o quanto o lucro operacional de uma empresa é influenciado pela variação nas vendas. Empresas com altos custos fixos e baixos custos variáveis tendem a ter um GAO mais alto, o que significa que pequenas mudanças nas vendas podem resultar em grandes variações no lucro operacional.

A fórmula para calcular o Grau de Alavancagem Operacional (GAO) é dada pela seguinte equação:

$$GAO = \frac{Q(PV - CVU)}{Q(PV - CVU) - CF}$$

Onde:

- **Q:** é a quantidade de unidades vendidas
- **PV:** é o preço de venda por unidade

- **CVU**: é o custo variável por unidade

- **CF** é o total de custos fixos

Essa fórmula mede a sensibilidade do lucro operacional (EBIT) às mudanças na quantidade de unidades vendidas. **Quanto maior o GAO, maior a sensibilidade do lucro operacional às mudanças nas vendas, o que indica um maior risco operacional associado à estrutura de custos da empresa.**

Vamos supor que temos uma empresa que fabrica e vende um único produto. Aqui está um exemplo numérico simplificado para calcular o Grau de Alavancagem Operacional (GAO) dessa empresa:

Suponha que:

- A quantidade de unidades vendidas (Q) seja de 10.000 unidades.
- O preço de venda por unidade (P) seja de $50,00.
- O custo variável por unidade (V) seja de $20,00.
- Os custos fixos (F) sejam de $100.000,00.

Agora, podemos calcular o **GAO** usando a fórmula:

$$GAO = \frac{Q(PV - CVU)}{Q(PV - CVU) - CF}$$

$$GAO = \frac{10.000(50,00 - 20,00)}{10.000(50,00 - 20,00) - 100.000,00}$$

$$\boldsymbol{GAO = 1,5}$$

Isso significa que, para cada aumento de 1% na quantidade de unidades vendidas, o lucro operacional (EBIT) aumentará em 1.5%. Por exemplo, se as vendas aumentarem em 10%, o lucro operacional aumentará aproximadamente 15%. Isso ocorre porque uma parte maior da receita incremental gerada pelas vendas adicionais contribuirá para cobrir os custos fixos, resultando em um aumento proporcionalmente maior no lucro operacional.

A análise do Custo Volume Lucro destaca os riscos e retornos de uma estrutura de custos de uma organização, auxiliando os gestores a fazerem considerações sobre estruturas alternativas de custos.

Estruturas Alternativas de Custo entre Custo Fixo e Custo Variável

Ao considerar a CAMISARIA CORTE CERTO LTDA. como exemplo, que pagou $ 3.000,00 pelo aluguel do estande. Supondo que os organizadores houvessem oferecido a empresa três diferentes alternativas de locação do espaço:

- **Opção 1:** $ 3.000,00 taxas fixa
- **Opção 2:** $ 1.800,00 taxa fixa mais 10% de comissão sobre as receitas
- **Opção 3:** 25% de comissão sobre as vendas sem taxa fixa.

Ao projetar uma venda de 150 camisas, faz-se necessário analisar qual o impacto de cada opção sobre o lucro e qual o risco que cada opção oferece.

Tabela CVL Para Opções de Aluguel do Estande

Receitas / Custos	Opção 1	Opção 2	Opção 3
Receita Total ($100,00 o par)	15.000,00	15.000,00	15.000,00
Custos Variáveis	10.500,00	12.000,00	14.250,00
Margem de Contribuição	4.500,00	3.000,00	750,00
Custo Fixo (aluguel estande)	3.000,00	1.800,00	0,00
Lucro Operacional da Feira	1.500,00	1.200,00	750,00
Ponto de Equilíbrio ($)	10.000,00	9.000,00	0,00
Ponto de Equilíbrio (un)	100	90	0

Como pode ser observado na tabela acima, apesar de propiciar um lucro maior, ao optar pela Opção 1 a empresa corre também um risco maior, pois a necessidade de venda para atingir o Ponto de Equilíbrio é de 100 camisas, já na Opção 2 será necessário vender 90 camisas, enquanto que, na Opção 3, por não ter o custo fixo do aluguel do Estande, o Ponto de Equilíbrio é igual a zero.

Se o número de unidades vendidas caírem para 90 camisas, a empresa trabalharia com prejuízo na Opção número 1, pois a margem de contribuição não cobriria o custo fixo do aluguel do estande, a

Opção 2 daria lucro igual a zero, porém cobriria o valor do aluguel e a Opção 3 daria lucro de $ 450,00, pois não tem o custo do aluguel.

A análise do risco-retorno das alternativas estruturas de custos é chamada de alavancagem da operação. O grau de alavancagem da operação descreve os efeitos que os custos fixos causam, quando a margem de contribuição diminui com a queda nas vendas.

Empresas com custos fixos altos, como o da Opção 1 por exemplo, possuem **um alto grau de alavancagem**. Como resultado, um aumento nas vendas gera lucros maiores, já uma queda nas vendas

pode causar prejuízo operacional.

O nível de alavancagem pode ser medido pela divisão da margem de contribuição pelo lucro operacional:

Alavancagem	Opção 1	Opção 2	Opção 3
Margem de Contribuição Unitária	80,00	50,00	30,00
Margem de Contribuição Unitária Venda 40 camisas	3.200,00	2.000,00	1.200,00
Lucro Operacional da Feira	1.200,00	1.200,00	1.200,00
Grau de Alavancagem da Operação	2,67	1,67	1

Como podemos observar na tabela acima, para uma venda de 40 camisas, a margem de contribuição é de 2,67 vezes o lucro operacional na Opção 1, já na Opção 2 é de 1,67 vezes e na Opção 3 é de 1,00 vez. Se considerarmos, por exemplo, um aumento nas vendas na ordem de 50%, de 40 para 60 camisas, a margem de contribuição

aumentará em 50% para cada opção apresentada. O lucro operacional, porém, aumentará 2,67 x 50% = 133% (de $ 1.200,00 para$ 3.600,00) na Opção 1, mas somente 1,00 x 50% = 50% na Opção 3 (de $ 1.200,00 para $ 1.800,00).

4.2.5   Efeitos do Horizonte de Tempo

Um tema importante na análise Custo Volume Lucro, é que os custos podem ser classificados em determinados momentos como custos fixos e em outros como custos variáveis.

Esta classificação sofre o efeito do intervalo de tempo que for considerado na tomada de uma decisão, já que no curto prazo uma boa parte dos custos podem ser considerados como fixos.

Tomemos como exemplo um avião de passageiros vai partir em 30 minutos e tem ainda 30 lugares vagos, e um passageiro em potencial chega com uma transferência de passagem de outra companhia aérea concorrente. Quais serão os custos variáveis para a empresa aérea? Provavelmente uma refeição a mais, o que representará muito pouco. Podemos considerar neste caso que todos os custos da decisão de levar este passageiro podem ser considerados como fixos. Agora suponha que a empresa aérea esteja se decidindo por incluir uma nova cidade as suas rotas, neste caso, a maioria dos custos que incidirão poderão ser considerados como variáveis e poucos custos classificados como fixos. Este exemplo nos mostra, que definir os custos como realmente fixos, depende muito da área de atuação da empresa, do horizonte do tempo em análise e da situação especifica a se decidir.

Horngren (2003), explica que a Análise CVL é uma das mais utilizadas ferramentas de gestão, já que através desta análise, é possível examinar o comportamento das receitas e custos totais, como também, dos resultados das operações decorrentes de mudanças ocorridas nos níveis de vendas, preços, custos variáveis unitários e custos fixos.

Em geral, os gestores, utilizam esta análise como uma ferramenta para auxiliá-los a responder questões que envolvam expectativas futuras de lucratividade se houverem modificações nos preços de venda, nos custos e no volume vendido.

RECAPITULANDO

- Usar a Análise CVL requer pressupor que os custos ora são fixos ora variáveis em relação a quantidade vendida e que há uma linearidade entre receitas e custos;

- A Análise CVL auxilia os gestores a entender o comportamento do custo total, das receitas totais e do lucro e as mudanças que ocorrem nos preços, custos fixos e custos variáveis;

- Na tomada de decisão os gestores usam a Análise CVL para comparar margem de contribuição e custos fixos em diferentes alternativas

- A análise do Custo Volume Lucro, destaca os riscos e retornos de uma estrutura de custos de uma organização;

- A análise do Custo Volume Lucro, auxilia os gestores a fazerem considerações sobre estruturas alternativas de custos;

- A análise do risco-retorno das alternativas estruturas de custos é chamada de alavancagem da operação;

- O grau de alavancagem da operação descreve os efeitos que os custos fixos causam, quando a margem de contribuição diminui com a queda nas vendas;

- Análise CVL é uma das mais utilizadas ferramentas de gestão, já que através desta análise, é possível examinar o comportamento das receitas e custos totais da empresa.

5   Ponto de Equilíbrio (Break-Even)

O Ponto de Equilíbrio, conhecido também como Ponto de Ruptura ou **Break-Even**, é a conjunção dos custos totais com as receitas totais. Deste modo, os custos e despesas fixas seriam totalmente absorvidos e partir daí, a empresa inicia seu retorno do investimento com a obtenção de lucro.

O Ponto de Equilíbrio ou **break even point**, aponta a necessidade mínima de faturamento que a empresa precisa alcançar para fazer face as suas despesas operacionais.

O Ponto de Equilíbrio indica a capacidade mínima que a empresa deve operar para não ter prejuízo. É, portanto, a relação entre o volume de vendas e a lucratividade, determinando o nível de vendas necessário para cobrir os custos operacionais. Ou ainda, é o ponto em que a empresa se equilibra, servindo também para mostrar a magnitude dos lucros ou perdas da empresa se as vendas ultrapassarem ou caírem para um nível abaixo desse ponto (Martins, 2003, p. 257).

Podemos analisar o Ponto do Equilíbrio sobre quatro aspectos: Ponto de Equilíbrio Financeiro, Contábil e Econômico e por Unidade.

Antes de apresentarmos como se calculam os Pontos de Equilíbrio, é importante conhecer um outro conceito, o da **Depreciação.**

5.1   Depreciação

Depreciação é o processo contábil de alocação do custo de um ativo tangível ao longo de sua vida útil. Essa alocação é feita para refletir o desgaste, a obsolescência e a perda de valor que o ativo sofre ao longo do tempo devido ao seu uso ou ao simples passar do tempo.

Em termos mais simples, a depreciação reconhece que os ativos tangíveis, como equipamentos, veículos e edifícios, perdem seu valor ao longo do tempo devido ao desgaste, à obsolescência tecnológica ou a outros fatores. Portanto, ao invés de contabilizar o custo total do ativo como uma despesa no momento da compra, a depreciação permite que esse custo seja distribuído ao longo da vida útil do ativo.

Existem diferentes métodos de depreciação, como o método linear, o método da soma dos dígitos dos anos, o método de unidades produzidas, entre outros. Cada método tem suas próprias regras e critérios para calcular a depreciação ao longo do tempo.

5.1.1   Método Linear

O método linear de depreciação é um dos métodos mais simples e comuns usados para calcular a depreciação de ativos tangíveis. Neste método, o custo do ativo é distribuído uniformemente ao longo de sua vida útil. A fórmula básica para calcular a depreciação linear é:

$$\textit{Depreciação Anual (ML)} = \frac{CA - VR}{VUA}$$

Onde:

- **Custo do Ativo (CA):** é o custo original de aquisição do ativo.

- **Valor Residual (VR):** é o valor estimado que o ativo terá ao final de sua vida útil. Também conhecido como valor de sucata ou valor residual.

- **Vida Útil do Ativo (VUA):** é o período estimado durante o qual o ativo é esperado que seja utilizado pela empresa antes de ser descartado ou substituído.

A depreciação anual é constante em cada ano e é calculada pela divisão do custo do ativo menos o valor residual pela vida útil do ativo.

Este método assume que o ativo perde valor a uma taxa constante ao longo do tempo.

Por exemplo, se uma máquina é adquirida por $ 50.000,00, tem um valor residual de $10.000,00 e uma vida útil de 10 anos, a depreciação anual seria:

$$Depreciação\ Anual\ (ML) = \frac{CA - VR}{VUA}$$

$$Depreciação\ Anual\ (ML) = \frac{50.000,00 - 10.000,00}{10}$$

$$\boldsymbol{Depreciação\ Anual\ (ML) = \$\ 4.000,00}$$

Portanto, a empresa registraria uma despesa de depreciação de $ 4.000,00 por ano para esse ativo específico usando o método linear. Ao final da vida útil de 10 anos, o valor contábil do ativo seria reduzido a $ 10.000,00, que é o valor residual estimado.

5.1.2   Método Unidade Produzidas

O método de unidades produzidas, também conhecido como método da produção ou método das unidades de produção, é um método de depreciação que calcula a desvalorização de um ativo com base na quantidade de unidades que o ativo produz durante sua vida útil. Esse método é particularmente útil quando a produção de um ativo está diretamente relacionada ao uso dele, como é o caso de equipamentos industriais.

A fórmula básica para calcular a depreciação usando o método de unidades produzidas é:

$$\boldsymbol{Depreciação\ por\ un. = \frac{CA - VR}{Total\ de\ Unidades\ Esperadas}}$$

Onde:

- **Custo do Ativo (CA):** é o custo original de aquisição do ativo.

- **Valor Residual (VR):** é o valor estimado que o ativo terá ao final de sua vida útil. Também conhecido como valor de sucata ou valor residual.

- **Total de Unidades Esperadas:** quantidade a ser produzida

Depois de calcular a depreciação por unidade, o custo da depreciação em um determinado período é determinado multiplicando o número de unidades produzidas durante esse período pela depreciação por unidade.

Por exemplo, suponha que uma empresa compre uma máquina por $ 100.000,00, que tem um valor residual de $ 10.000,00 e é esperado produzir 50.000 unidades ao longo de sua vida útil. A depreciação por unidade seria

$$Depreciação\ por\ un. = \frac{CA - VR}{Total\ de\ Unidades\ Esperadas}$$

$$Depreciação\ por\ Unidade = \frac{100.000,00 - 10.000,00}{50.000,00}$$

$$\textbf{Depreciação por Unidade} = \$\ \mathbf{1,80}$$

Se, durante o primeiro ano, a máquina produz 10.000 unidades, o custo de depreciação seria:

$$Depreciação = 10.000,00\ x\ 1,80$$

$$\textbf{Depreciação} = \$\ \mathbf{18.000,00}$$

No segundo ano, se a máquina produzir 12.000 unidades, o custo de depreciação seria:

$$Depreciação = 12.000,00\ x\ 1,80$$

$$\textbf{Depreciação} = \$\ \mathbf{21.600,00}$$

5.1.3 Método Soma dos Dígitos dos Anos

O método da soma dos dígitos dos anos, também conhecido como método de soma dos algarismos ou método da soma dos anos, é um método de depreciação que leva em consideração a vida útil de um ativo fixo. Este método assume que o valor do ativo é distribuído de forma proporcional ao número de anos de sua vida útil restante.

Para aplicar esse método, primeiro é necessário determinar a vida útil total do ativo em anos. Em seguida, calcula-se a soma dos dígitos dos anos dessa vida útil. Isso é feito somando-se os números de 1 até o número total de anos.

A fórmula para calcular a depreciação usando o método da soma dos dígitos dos anos é:

$$Depreciação/\ ano\ n = \left(\frac{VUR}{Soma\ dos\ dígitos\ dos\ anos}\right) x\ (CA - VR)$$

Onde:

- **Vida Util Restante (VUR):** é o número de anos restantes da vida útil do ativo

- **Custo do Ativo (CA):** é o custo original de aquisição do ativo.

- **Valor Residual (VR):** é o valor estimado que o ativo terá ao final de sua vida útil. Também conhecido como valor de sucata ou valor residual.

- **Soma dos dígitos dos anos** é a soma dos números de 1 até o número total de anos da vida útil.

A cada ano, a depreciação é calculada usando essa fórmula e o valor restante do ativo é ajustado subtraindo-se a depreciação do valor contábil do ativo. Esse processo continua até que a vida útil do ativo seja completamente amortizada ou até que o valor residual seja atingido.

Por exemplo, se um ativo tem uma vida útil de 5 anos e a soma dos dígitos dos anos é 15 (soma dos números de 1 a 5), a depreciação para cada ano seria:

$$Ano\ 1: \left(\frac{5}{15}\right) x\ (Custo\ do\ Ativo - Valor\ Residual)$$

$$Ano\ 2: \left(\frac{4}{15}\right) x\ (Custo\ do\ Ativo - Valor\ Residual)$$

$$Ano\ 3: \left(\frac{3}{15}\right) x\ (Custo\ do\ Ativo - Valor\ Residual)$$

$$Ano\ 4: \left(\frac{2}{15}\right) x\ (Custo\ do\ Ativo - Valor\ Residual)$$

$$Ano\ 5: \left(\frac{1}{15}\right) x\ (Custo\ do\ Ativo - Valor\ Residual)$$

Como exemplo, vamos considerar um equipamento adquirido por \$50.000,00, com uma vida útil estimada de 5 anos e um valor residual (valor após a vida útil) de \$5.000,00. Usaremos o método da soma dos dígitos dos anos para calcular a depreciação anual.

Passo 1: Calcular a soma dos dígitos dos anos

$$Soma\ dos\ dígitos\ dos\ anos = 1+2+3+4+5 = 15$$

Passo 2: Calcular a depreciação para cada ano.
Ano 1

$$Depreciação = \left(\frac{5}{15}\right) x\ (Custo\ do\ Ativo - Valor\ Residual)$$

$$Depreciação = \left(\frac{5}{15}\right) x\ (50.000,00 - 5000,00)$$

$$Depreciação = \left(\frac{1}{3}\right) x\ 45.000,00$$

$$Depreciação = \$\ 15.000,0$$

Ano 2

$$Depreciação = \left(\frac{4}{15}\right) x \ (Custo \ do \ Ativo - Valor \ Residual)$$

$$Depreciação = \left(\frac{4}{15}\right) x \ 45.000,00$$

$$Depreciação = \$ \ 12.000,0$$

Ano 3

$$Depreciação = \left(\frac{3}{15}\right) x \ (Custo \ do \ Ativo - Valor \ Residual)$$

$$Depreciação = \left(\frac{3}{15}\right) x \ (50.000,00 - 5000,00)$$

$$Depreciação = \left(\frac{1}{5}\right) x \ 45.000,0$$

$$Depreciação = \$ \ 9.000,00$$

Ano 4

$$Depreciação = \left(\frac{2}{15}\right) x \ (Custo \ do \ Ativo - Valor \ Residual)$$

$$Depreciação = \left(\frac{2}{15}\right) x \ 45.000,00$$

$$Depreciação = \$ \ 6.000,00$$

Ano 5

$$Depreciação = \left(\frac{1}{15}\right) x \ (Custo \ do \ Ativo - Valor \ Residual)$$

$$Depreciação = \left(\frac{1}{15}\right) x \ (50.000,00 - 5000,00)$$

$$Depreciação = \left(\frac{1}{5}\right) x \ 45.000,00$$

$$Depreciação = \$ \ 3.000,00$$

Portanto, a depreciação anual nos primeiros cinco anos seria:
*   **Ano 1:** $15.000,00

*   **Ano 2:** $12.000,00

*   **Ano 3:** $9.000,00

*   **Ano 4:** $6.000,00

*   **Ano 5:** $3.000,00

Esse método é mais rápido para depreciar um ativo do que o método linear e reflete melhor o uso do ativo, pois assume que o uso é mais intenso nos primeiros anos de vida útil.

A depreciação é importante não apenas para fins contábeis e financeiros, mas também para avaliar a verdadeira rentabilidade e o valor dos ativos de uma empresa. Além disso, ela também desempenha um papel crucial na determinação do lucro tributável de uma empresa, pois a depreciação pode ser deduzida como uma despesa nos impostos sobre a renda.

5.2   Ponto de Equilíbrio Financeiro

O Ponto de Equilíbrio Financeiro avalia a necessidade mínima de faturamento da empresa sem considerar a depreciação, visto que, a depreciação (*) não representa uma saída de caixa, portanto, ela não afeta diretamente a necessidade de receita para atingir o ponto de equilíbrio financeiro, pois não envolve saída de dinheiro da empresa. A fórmula para o cálculo do Ponto de Equilíbrio Financeiro é:

$$PEF = \left(\frac{CF - DEP}{MC} \right) x\ RV$$

Onde:

* **PEF:** ponto de equilibrio financeiro.
* **CF:** custo fixo total
* **DEP:** depreciação
* **MC:** margem de contribuição
* **RV:** receita sobre as vendas

Exemplo:

Vamos considerar uma empresa fictícia, a Empresa XYZ, que fabrica e vende um produto específico. A Empresa XYZ está buscando determinar seu Ponto de Equilíbrio Financeiro (PEF), que é o momento em que ela cobre todos os seus custos e despesas, sem gerar lucro nem prejuízo. Sabe-se que seus custos fixos totais são de $ 20.000,00, a depreciação é de $ 2.000,00, a Margem de Contribuição é de $ 30.000,00 e a Receita de Vendas Totais é de $ 100.000,00.

- CF = $ 20.000,00
- Depreciação = $ 2.000,00
- Receita de Vendas = $ 100.000,00
- Margem de Contribuição = $ 30.000,00

Calculando o Ponto de Equilíbrio Financeiro (PEF):

$$PEF = \left(\frac{CF - DEP}{MC} \right) x \, RV$$

$$PEF = \left(\frac{20.000,00 - 2.000,00}{30.000,00} \right) x \, 100.000,00$$

$$PEF = \$ \, 60.000,00$$

Para que a empresa atinja o equilíbrio financeiro, isto é, faça frente as suas despesas operacionais menos a depreciação, será necessário um faturamento de **$ 60.000,00.**

5.3 Ponto de Equilíbrio Contábil

O **Ponto de Equilíbrio Contábil** avalia a necessidade mínima de faturamento da empresa considerando a **depreciação** do imobilizado, pois se trata de um custo contábil. A fórmula para o cálculo do Ponto de Equilíbrio Contábil é:

$$PEC = \left(\frac{CF}{MC} \right) x \, RV$$

Onde:

- **PEC:** ponto de equilibrio contábil
- **CF:** custo fixo total
- **MC:** margem de contribuição
- **RV:** receita sobre as vendas

Exemplo:

Suponha que uma empresa esteja avaliando sua situação financeira e queira determinar seu ponto de equilíbrio contábil (PEC). Considerando que os custos fixos da empresa sejam de $ 22.000,00, a margem de contribuição seja de $ 30.000,00 e a receita de vendas seja de $ 100.000,00, qual seria seu Ponto de Equilíbrio Contábil?

- CF = $ 22.000,00
- Receita de Vendas = $ 100.000,00
- Margem de Contribuição = $ 30.000,00

Calculando o Ponto de Equilíbrio Contábil (PEC):

$$PEC = \left(\frac{CF}{MC}\right) x\ RV$$

$$PEC = \left(\frac{22.000,00}{30.000,00}\right) x\ 100.000,00$$

$$\boldsymbol{PEC = \$\ 73.333,33}$$

No exemplo acima, para que a empresa atinja o equilíbrio contábil, isto é, faça frente as suas despesas operacionais incluindo a depreciação, será necessário um faturamento de **$ 73.333,33.**

5.4   Ponto de Equilíbrio Econômico

Ponto de Equilíbrio Econômico avalia a necessidade mínima de faturamento da empresa considerando a depreciação mais a remuneração do Capital dos sócios ou acionistas. É o resultado da divisão dos Custos Fixos totais mais o **Custo da Oportunidade** pela Margem de Contribuição, multiplicado pela Receita Sobre Vendas.

O **Custo de Oportunidade** representa as oportunidades de remuneração sobre um investimento externo acessível à empresa, sendo assim visto como a remuneração de um investimento alternativo que poderia ser obtido pela empresa. É uma remuneração mínima do capital investido pelos sócios ou acionistas, comparada a uma remuneração que seria obtida aplicando este capital no mercado financeiro (CBD, RDB, Poupança etc.). É o lucro mínimo almejado pelo empresário.

O custo de oportunidade é o valor da melhor alternativa sacrificada ao se tomar uma decisão. Em outras palavras, é o custo associado à renúncia da oportunidade mais benéfica disponível quando se escolhe uma alternativa sobre outra. Esse conceito é fundamental na economia e nas finanças, pois destaca que os recursos são escassos e, portanto, devem ser alocados de forma eficiente para maximizar o benefício.

Por exemplo, suponha que um investidor possua uma quantia em dinheiro e esteja considerando investi-la em títulos de renda fixa. Se ele optar por investir em renda fixa, o custo de oportunidade será o retorno financeiro que ele poderia ter obtido ao investir em títulos de renda fixa. **Em outras palavras, o custo de oportunidade é o benefício financeiro perdido ao escolher uma alternativa em detrimento da outra.**

O custo de oportunidade é uma consideração importante em diversas áreas, incluindo negócios, investimentos pessoais, educação e tomada de decisões governamentais. Entender e avaliar os custos de oportunidade ajuda investidores e organizações a tomar decisões mais informadas e eficazes sobre como alocar recursos limitados.

A fórmula para o cálculo do Custo de Oportunidade é:

Custo da Oportunidade (CO) = Ativo x Taxa de Aplic.

Em termos mais simples, um Ativo é qualquer coisa que tenha valor econômico e que a empresa possa usar para gerar receita no futuro. São os terrenos, edifícios, equipamentos, veículos, estoques de produtos acabados, matéria-prima, patentes, marcas registradas, direitos autorais, goodwill (valor da reputação da empresa), software, licenças e direitos de exploração, ações de outras empresas, títulos, contas a receber e dinheiro em caixa ou em bancos. Esses ativos representam valores monetários que podem ser convertidos em dinheiro.

Exemplo de cálculo do Custo de Oportunidade:

- **Ativo da Empresa**: $ 4.000.000,00

- **Taxa de Aplicação (CDB)**: 2% ao mês

$$Custo\ da\ Oportunidade\ (CO) = Ativo\ x\ Taxa\ de\ Aplic$$

$$Custo\ da\ Oportunidade\ (CO) = 4.000.000,00\ x\ 2\%$$

$$\boldsymbol{Custo\ da\ Oportunidade\ (CO) = \$\ 80.000,00}$$

Conhecendo o custo da oportunidade, a receita sobre as vendas, a margem de contribuição é o custo fixo, é possível calcular o Ponto de Equilíbrio Econômico aplicando a seguinte formula:

$$PEE = \left(\frac{CF + CO}{MC} \right) x\ RV$$

Onde:
- **PEE:** ponto de equilibrio econômico
- **CF:** custo fixo total
- **CO:** custo da oportunidade
- **MC:** margem de contribuição
- **RV:** receita sobre as vendas

Calculando o Ponto de Equilíbrio Econômico (PEE):

Em uma análise financeira de uma empresa, deseja calcular o Ponto de Equilíbrio Econômico (PEE). Os custos fixos mensais são de $ 32.000,00, a margem de contribuição é de $ 30.000,00 a receita foi de $ 100.000,00. O ativo da Empresa é de $ 400.000,00 e a taxa de aplicação em CDB está em 2%. Com base nessas informações, determine o PEE da empresa.

- **CF:** $ 32.000,00
- **Receita de Vendas:** $ 100.000,00
- **Margem de Contribuição:** $ 30.000,00
- **Ativo:** $ 400.000,00
- **Taxa de Aplicação (CDB):** 2%

Passo 1: Calcular o Custo da Oportunidade

$$Custo\ da\ Oportunidade\ (CO) = Ativo\ x\ Taxa\ de\ Aplicação$$
$$Custo\ da\ Oportunidade\ (CO) = 400.000,00\ x\ 2\%$$
$$\textit{\textbf{Custo da Oportunidade}}\ (CO) = \$\,\textbf{8.000,00}$$

Passo 2: Calcular o Ponto de Equilíbrio Econômico

$$PEE = \left(\frac{CF + CO}{MC} \right) x\ RV$$

$$PEE = \left(\frac{32.000,00 + 8.000,00}{30.000,00} \right) x\ 100.000,00$$

$$PEE = \$\,133.333,33$$

No exemplo, para que a empresa atinja o equilíbrio econômico, isto é, faça frente as suas despesas operacionais incluindo a depreciação e remunere seu Patrimônio Líquido a uma taxa mínima de atratividade de 2% ao mês, será necessário um faturamento de **$ 133.333,33.**

5.5 Ponto de Equilibrio em Quantidade

Ponto de Equilíbrio em Quantidade (PEq): é a quantidade mínima de produtos que a empresa necessita produzir e vender para fazer frente as suas despesas operacionais. É o resultado da divisão dos Custos Fixos totais pela Margem de Contribuição Média, do mix de produtos fabricados pela empresa.

O Ponto de equilíbrio em Quantidade é um conceito utilizado na gestão financeira para determinar a quantidade de produtos ou serviços que uma empresa precisa vender para cobrir todos os seus custos fixos e variáveis, resultando em um lucro igual a zero, ou seja, em um ponto em que as receitas totais são iguais aos custos totais.

Matematicamente, o ponto de equilíbrio em unidades é calculado dividindo os custos fixos totais pela Margem de Contribuição Unitário de cada produto, que é a diferença entre o preço de venda unitário e o custo variável unitário.

Esse conceito é importante para as empresas porque fornece uma indicação do nível de atividade necessário para alcançar a rentabilidade e pode ajudar na definição de metas de vendas, precificação de produtos e planejamento financeiro. **Quando uma empresa está operando acima do ponto de equilíbrio, ela está gerando lucro, enquanto operar abaixo desse ponto resulta em prejuízo.**

Para o cálculo do Ponto de Equilíbrio em Quantidade (PEQ), é necessário primeiro identificar a **Margem de Contribuição Unitária** do produto, aplicando a seguinte fórmula:

$$MCU = PV - CVU$$

Onde:

- **MCU:** margem de contribuição unitária

- **PV:** preço de venda do item

- **CVU:** custos variáveis unitário

Exemplo:

- **Preço de Venda Unitário:** $ 80,00
- **Custo Variável Tota Unitário:** $ 30,00

$$MCU = PV - CVU$$
$$MCU = 80,00 - 30,00$$
$$MCU = \$\,50,00$$

Portanto, a margem de contribuição unitária para esse produto é de $50,00. Isso significa que a cada unidade vendida, $50,00 estão disponíveis para cobrir os custos fixos e contribuir para o lucro da empresa.

Conhecendo a margem de contribuição unitária, e o custo fixo total, é possível calcular o **Ponto de Equilíbrio em Quantidade** aplicando a seguinte formula:

$$PEQ = \left(\frac{CF\,(*)}{MCU} \right)$$

(*) Para o cálculo da quantidade no aspecto financeiro, deduz-se a depreciação do Custo Fixo e sobre o aspecto Econômico, acrescenta-se ao Custo Fixo, o Custo da Oportunidade.

Calculando o Ponto de Equilíbrio em Quantidade (PEQ):

Você é o gestor uma empresa industrial e precisa calcular o ponto de equilíbrio em unidades para determinar a quantidade mínima de produtos que a empresa precisa vender para cobrir todos os custos e evitar prejuízos. A empresa produz um item que é vendido por $100,00 cada unidade. O custo variável por unidade é de $70,00 e os custos fixos mensais totalizam $30.000,00. Com base nessas informações, você deve calcular o ponto de equilíbrio em unidades para garantir que a empresa esteja operando de forma sustentável e lucrativa.

- **CF:** $ 30.000,00
- **Preço de Venda:** $ 100,00
- **Custos Variáveis Unitário:** $ 70,00

Passo 1: Calcular a Margem de Contribuição Unitária

$$MCU = PV - CVU$$
$$MCU = 100,00 - 70,00$$
$$\boldsymbol{MCU = \$\,30,00}$$

Passo 2: Calcular o Ponto de Equilíbrio em Quantidade (PEQ)

$$PEQ = \left(\frac{CF}{MCU}\right)$$
$$PEQ = \left(\frac{30.000,00}{30,00}\right)$$
$$\boldsymbol{PEQ = 1000\ unidades}$$

A empresa precisa vender **1000** unidades do produto para atingir o ponto de equilíbrio, onde as receitas totais são iguais aos custos totais, garantindo que não haja lucro nem prejuízo.

Para se obter o valor **monetário do Ponto de Equilíbrio**, multiplica-se o preço de vendas pela quantidade necessária para atingir o equilíbrio. No exemplo acima, faz-se a multiplicação da quantidade pelo preço de venda:

$$\boldsymbol{PE\,\$ = PEQ\ x\ PV}$$
$$PE\,\$ = 1000\ x\ 100,00$$
$$PE\,\$ = 100.000,00$$

5.6 Ponto de Equilíbrio para um Mix de Vendas

Mix de vendas é a combinação de diferentes produtos que formam a receita de uma empresa em um determinado período. Mesmo o mix sofrendo alterações, a meta total de vendas pode ainda

ser atingida, porém o efeito deste mix no lucro operacional depende de uma maior ou menor contribuição dos produtos vendidos (FERREIRA, 2007).

Suponha que a INDUSTRIA DE CALÇADOS PISE CERTO LTDA estivesse vendendo dois diferentes modelos de sapato:

Dados	Modelo 1	Modelo 2	Total
Unidades Vendidas	60	40	100
Preço Par ($ 200,00 / $ 100,00)	12.000,00	4.000,00	16.000,00
Custos Variaveis ($ 120,00 / $ 70,00 por par)	7.200,00	2.800,00	10.000,00
Margem Contribuição Unitária ($ 80,00 / $ 30,00)	4.800,00	1.200,00	6.000,00
Custos Fixos			4.500,00
Lucro Operacional			1.500,00

Qual seria o ponto de equilíbrio da empresa?

Ao contrário de quando se trata de um único produto, numa situação de mais de um produto não há somente um único ponto de equilíbrio. A quantidade de produtos para atingir o ponto de equilíbrio depende do mix de vendas. Vamos supor que para cada 3 pares de sapato do modelo 1, a INDUSTRIA DE CALÇADOS PISE CERTO LTDA vendesse 2 pares de sapato do modelo 2 podemos calcular o ponto de equilíbrio conforme exemplo abaixo:

- $3P$ = Número de pares de sapato do Modelo 1

- $2P$ = Número de pares de sapato do Modelo 2

Premissa para o Ponto de Equilíbrio:

$$Total\ de\ Vendas - CV - CF = 0$$

Onde:

- **CV:** custos variáveis
- **CF:** custos fixos

Calculando o Ponto de Equilíbrio para o Mix de Produtos:

$$\{[200,00 \; X \; 3P + 100,00 \; X \; 2P] - [120,00 \; X \; 3P + 70,00 \; X \; 2P]\}$$
$$- 4.500,00 = 0$$
$$800,00P - 500,00P = 4.500,00$$
$$300,00P = 4.500,00$$
$$P = \frac{4.500,00}{300,00}$$
$$\boldsymbol{P = 15}$$

Modelo 1

Número de Unidades Vendidas do Modelo 1 para o Ponto de Equilíbrio: *3P=3X15=**45 pares***

Modelo 2

Número de Unidades Vendidas do Modelo 2 para o ponto de Equilíbrio: *2P=2X15=**30 pares***

O Ponto de Equilíbrio é de 75 pares para um mix de vendas de 45 pares de sapato do Modelo 1 e 30 pares de sapato do Modelo 2.

- **Margem Contribuição do Modelo 1:** (200,00-120,00) x 45 pares=. $ 3.600,00

- **Margem Contribuição do Modelo 2**: (100,00,00-70,00) x 30 pares=. $ 900,00

- **Margem de Contribuição Modelos 1 e 2 =** 3600,00+900,00=.$ 4.500,00

- **MC $ 4.500,00 = CF $ 4.500,00, portanto, atinge o Ponto de Equilibrio**

Outra forma de calcular o Ponto de Equilíbrio de um mix de produtos é através da **média ponderada** das margens de contribuições dos itens vendidos:

$$MPC. = \frac{(MC1 \, x \, Q1) + (MC2 \, x \, Q2) + \cdots (MCn \, x \, Qn)}{(Q1 + Q2 + \cdots + Q3)}$$

Onde:

- **MPC:** média ponderada de contribuições

- **MC1, MC2,..., MCn** são os diferentes valores de margem de contribuição (MC) para cada modelo ou categoria.

- **Q1, Q2,..., Qn** são as quantidades vendidas para cada modelo ou categoria.

Calculando a Média Ponderada da Contribuição:

$$MPC. = \frac{(MC1 \, x \, Q1) + (MC2 \, x \, Q2) + \cdots (MCn \, x \, Qn)}{(Q1 + Q2 + \cdots + Q3)}$$

$$MPC = \frac{(80,00 \, x \, 60) + (30,00 \, x \, 40)}{60 + 40}$$

$$MPC = \$ \, 60,00$$

Calculando o Ponto de Equilíbrio do Mix

$$PE \; Mix \, (Q) = \frac{Custos \; Fixos}{Media \; Ponderada \; da \; Contribuição}$$

$$PE \; Mix \, (Q) = \frac{4.500,00}{60,00}$$

$$PE(Q) = 75 \, pares \, de \, sapato$$

RECAPITULANDO

• O Ponto de Equilíbrio, conhecido também como Ponto de Ruptura é a conjunção dos custos totais com as receitas totais, apontando a necessidade mínima de faturamento que a empresa precisa alcançar para fazer face as suas despesas operacionais.

• Podemos analisar o Ponto do Equilíbrio sobre quatro aspectos: Ponto de Equilíbrio Financeiro, Contábil, Econômico e em Quantidade

• Ponto de Equilíbrio Financeiro avalia a necessidade mínima de faturamento da empresa sem considerar a depreciação, visto que, a depreciação não representa uma saída de caixa.

• Ponto de Equilíbrio Contábil avalia a necessidade mínima de faturamento da empresa considerando a depreciação do imobilizado.

• Ponto de Equilíbrio Econômico avalia a necessidade mínima de faturamento da empresa considerando a depreciação mais a remuneração do Capital dos sócios ou acionistas.

• Ponto de Equilíbrio em Quantidade é a quantidade mínima de produtos que a empresa necessita produzir e vender para fazer frente as suas despesas operacionais.

• Qualquer atividade que envolva tomada de decisão, estará presente riscos e incertezas. Sendo assim, os resultados esperados de decisões sobre o nível mínimo de vendas apontadas pela análise do Ponto de Equilíbrio, também estão sujeitos a variações

• Mix de vendas é a combinação de diferentes produtos que formam a receita de uma empresa em um determinado período;

• Mesmo o mix sofrendo alterações, a meta total de vendas pode ainda ser atingida;

• O mix de produtos comercializados afeta o lucro operacional da empresa que dependem de uma maior ou menor contribuição dos produtos vendidos;

6 Relatórios de Apoio ao Custo

Na gestão de custos dos resultados provenientes da produção devem ser representados através de relatórios que permitam analisar, comparar e diagnosticar os resultados obtidos. Para a elaboração destes relatórios é necessário compreender as técnicas de custos e dos sistemas de custeio, que já abordamos na unidade anterior, mas também os conceitos e as normas que os relatórios, principalmente os relatórios contábeis, devem seguir.

Para definição do custo dos produtos produzidos, são necessários dois relatórios: o DRE – Demonstrativo de Resultados do Exercício e a Ficha Técnica do Produto.

6.1 Demonstrativo de Resultado do Exercício - DRE

O demonstrativo da contabilidade mais conhecido e mais utilizado no cotidiano das empresas é o **Demonstrativo de Resultado do Exercício**, que tem a função de evidenciar as variações patrimônios e do resultado de uma empresa em um determinado período que em geral é de um ano. É no Demonstrativo de Resultado do Exercício que será demonstrado se no período de analise a empresa apresentou lucro ou prejuízo.

Embora o Demonstrativo de Resultado do Exercício seja predominantemente utilizado para atender a requisitos legais, visto que é uma demonstração contábil exigida por lei para empresas de grande porte e deve ser consolidada para abranger todas as atividades econômicas da empresa, sua estrutura pode ser modificada para melhor gestão dos custos. Essa flexibilidade permite que o Demonstrativo de Resultado do Exercício não apenas cumpra suas obrigações legais, mas também se torne uma ferramenta estratégica para a gestão financeira da empresa, fornecendo informações detalhadas que auxiliam na identificação de áreas de lucratividade e no direcionamento de recursos para otimização de resultado

O Demonstrativo de Resultado do Exercício (DRE) empregado internamente na empresa pode ser denominado DRE Gerencial ou servir de modelo para a elaboração de outros relatórios internos de natureza gerencial, os quais são empregados exclusivamente para embasar a tomada de decisões estratégicas.

Entretanto para elaboração destes demonstrativos gerenciais não temos a necessidade de utilizar somente os conceitos, critérios e elementos que o Demonstrativo de Resultado do Exercício contábil dispõe, pois, como apresentamos anteriormente, temos diversos sistemas de custos que podem apresentar resultados diferentes para um mesmo produto ou atividade.

Um sistema eficaz de custo e formação de preço, permite que possamos elaborar o Demonstrativo de Resultado do Exercício (DRE), divididos por centros de custos ou matrizes de serviços, por linha de produtos, que avalia os resultados de uma empresa e, subsidia com dados para a formação de preço dos produtos comercializados por esta empresa.

O Demonstrativo de Resultados do Exercício (DRE) é uma ferramenta contábil que relata as receitas e os custos incorridos durante o período analisado, seguindo o regime de competência. Além disso, o DRE também inclui a Margem de Contribuição, que é crucial para determinar como os custos fixos serão distribuídos. É importante observar que as empresas operam sob dois regimes contábeis distintos: o Regime de Caixa e o Regime de Competência. Vamos compreender a diferença entre estes dois regimes contábeis.

O Demonstrativo de Resultado do Exercício (DRE) é elaborado com base no **regime de competência**. Neste regime, as receitas são registradas quando são obtidas, independentemente do momento em que o dinheiro é efetivamente recebido, e as despesas são registradas quando são incorridas, mesmo que o pagamento ocorra em outro momento. Isso permite uma visão mais precisa do desempenho financeiro da empresa em um determinado período.

- **Regime de Caixa:** O regime de caixa é um método contábil no qual as receitas e despesas são registradas somente quando o dinheiro é efetivamente recebido ou pago, respectivamente. Isso significa que as transações são contabilizadas com base no fluxo de caixa real da empresa, ou seja, quando há entrada ou saída de dinheiro. Nesse regime, não importa quando a transação ocorreu, mas sim quando o dinheiro foi recebido ou pago. Isso torna o regime de caixa mais simples e direto em termos de contabilidade, especialmente para empresas de pequeno porte ou indivíduos que gerenciam suas finanças pessoais.

Suponha que uma empresa preste um serviço em janeiro, mas o pagamento só seja recebido em fevereiro. **Sob o regime de caixa, a receita desse serviço seria registrada em fevereiro, quando o dinheiro é efetivamente recebido, e não em janeiro, quando o serviço foi prestado.** Da mesma forma, se a empresa pagou por suprimentos em janeiro, mas o pagamento só foi efetuado em fevereiro, os custos seriam registrados em fevereiro, quando o dinheiro foi realmente pago, e não em janeiro, quando os suprimentos foram adquiridos.

Regime de Competência: O regime de competência é um método contábil que reconhece as receitas e despesas no período em que são geradas, independentemente do momento em que o dinheiro é recebido ou pago. Isso significa que as transações são registradas quando são realizadas, refletindo a verdadeira essência econômica dos eventos financeiros, mesmo que o pagamento ou recebimento ocorra em datas posteriores.

Por exemplo, **se uma empresa vende um produto em janeiro, mesmo que o pagamento seja recebido em fevereiro, a receita da venda será reconhecida em janeiro, quando a transação ocorreu.** Da mesma forma, se a empresa comprar suprimentos em janeiro, mesmo que o pagamento seja feito em fevereiro, o custo dos suprimentos será registrado em janeiro, quando a compra foi realizada. Este método proporciona uma visão mais precisa da saúde financeira da empresa em um determinado período.

Em resumo, O regime de caixa registra receitas e despesas quando efetivamente recebidas ou pagas, enquanto o regime de competência contabiliza esses eventos no período em que são gerados, independentemente do momento dos fluxos de caixa.

No o dre os registros de receitas e custos são realizados sob o Regime de Competência.

6.1.1 Elementos do Demonstrativo de Resultados do Exercício

Neste capítulo, exploraremos os elementos essenciais que compõem o DRE, destacando sua importância e como cada componente contribui para a compreensão do desempenho financeiro de uma organização. Desde as receitas operacionais até o lucro Operacional, examinaremos em detalhes como esses elementos são calculados e interpretados, proporcionando uma compreensão mais profunda das finanças empresariais e proporcionando informações para o cálculo do custo do produto.

6.1.1.1 Receita sobre as Vendas

As receitas sobre as vendas representam o montante total de dinheiro gerado pela venda de produtos ou serviços durante um período específico. Essa é uma fonte crucial de entrada de recursos para uma empresa e é fundamental para avaliar seu desempenho financeiro. As receitas de vendas são reconhecidas quando os produtos são entregues ou os serviços são prestados, de acordo com o princípio contábil do regime de competência. Essas receitas não se limitam apenas ao preço de venda dos produtos, mas também podem incluir outras fontes como juros sobre vendas a prazo e descontos concedidos. Uma compreensão clara das receitas sobre as vendas é essencial para avaliar a eficácia das estratégias de precificação, o alcance das metas de vendas e a lucratividade geral da empresa.

6.1.1.2 Custos Variáveis

Apresentados no Capítulo 3, são custos cuja variabilidade é proporcionalmente ao volume de produção e de vendas da empresa. Quando o volume de produção ou vendas aumenta, os custos variáveis aumentam na mesma proporcionalidade e o inverso ocorre quando o volume diminui. Em uma empresa industrial, os custos variáveis podem ser divididos em:

- **Custos Variáveis de Produção (CVP):** é o registro dos Custos Variáveis que incidiram sobre a Produção no período de análise. Ex. Matéria-prima; Gastos Gerais de Fabricação; Prêmio Produtividade; Serviços de Terceiros; Fretes.

- **Custos Variáveis de Vendas (CVV):** é o registro dos Custos Variáveis que incidiram sobre as Vendas dos produtos da empresa no período. Ex.:ICMS; PIS/COFINS; Fretes sobre as Vendas; Comissões sobre as Vendas

- **Custo Variável Total (CVT):** é a soma dos Custos Variáveis de Produção com os Custos Variáveis de Vendas:

$$CVT = CVP + CVV$$

6.1.1.3 Margem de Contribuição (MC)

Apresentada no Capítulo 5, a Margem de Contribuição é a diferença entre receita e custos variáveis e demonstra como cada produto colabora para primeiro, amortizar os custos fixos, e, depois, constituir o lucro esperado pela empresa.

É o resultado da diferença entre a Receita sobre Vendas e os Custos Variáveis Totais. É o montante que sobra da receita depois de deduzidos os custos variáveis. Esta quantia é que irá garantir a cobertura do custo fixo e o lucro, após a empresa ter atingido o Ponto de equilíbrio.

$$MC = Receita - Custos\ Variáveis\ Total$$

Como análise direta da Margem de Contribuição, tem-se:

Se:
Margem de Contribuição > que o Custo Fixo = Lucro Operacional

Margem de Contribuição = Custo Fixo = Equilíbrio Operacional

Margem de Contribuição < Custo Fixo = Prejuízo Operacional

6.1.1.4 Custos Fixos (CF)

Como apresentado no Capítulo 3, os Custos Fixos são aqueles que não têm relação direta com o volume de produção, ou seja, seu valor não está relacionado à quantidade de produtos ou serviços produzidos ou comercializados.

São exemplos de Custos Fixos: Salários + Encargos, Telefone, Pró-Labore, Material Expediente, Despesas c/ Correio, Seguros, Honorários, Depreciação, Manutenção de Software, Provisionamento Férias e 13º entre outros

6.1.1.5 Lucro Operacional

O lucro é o ganho financeiro obtido por uma empresa após a dedução de todos os custos associados à produção e venda de seus produtos ou serviços. É a diferença positiva entre as receitas totais e os custos totais de uma organização em um determinado período. O lucro é uma medida crucial do desempenho financeiro de uma empresa e é essencial para sua sobrevivência e crescimento a longo prazo. O lucro é geralmente expresso em termos monetários e é usado para avaliar a eficiência operacional e a rentabilidade de uma empresa.

O Lucro Operacional demonstra a viabilidade operacional da Empresa. É o resultado da diferença entre a Margem de Contribuição e os Custos Fixos.

$$\textit{Lucro Operacional} = MC - CF$$

6.1.1.6 Ponto de Equilíbrio

Como apresentado no Capítulo 5, o Ponto de Equilíbrio é um conceito fundamental na gestão financeira de uma empresa, representando o momento em que as receitas totais se igualam aos custos totais, resultando em um lucro nulo. Essa análise é crucial para os gestores, pois fornece insights sobre o volume de vendas necessário para cobrir todos os custos e despesas e alcançar a estabilidade financeira. Neste contexto, exploraremos o conceito de ponto de equilíbrio, seus diferentes métodos de cálculo e sua importância na tomada de decisões estratégicas e operacionais. Ao compreender o ponto de equilíbrio, os gestores podem melhorar a eficiência operacional, identificar áreas de oportunidade e minimizar os riscos financeiros, contribuindo assim para o sucesso e a sustentabilidade do negócio.

No Dre são apresentados os Pontos de Equilíbrio Financeiro, Contábil e Operacional.

$$PEF = \left(\frac{Custo\ Fixo - Depreciação}{Margem\ de\ Contribuição} \right) x\ Receita$$

$$PEC = \left(\frac{Custo\ Fixo}{Margem\ de\ Contribuição} \right) x\ Receita$$

$$PEE = \left(\frac{Custo\ Fixo + Custo\ da\ Oportunidade}{Margem\ de\ Contribuição} \right) x\ Receita$$

6.1.2   Formas de Apresentação do DRE

Neste tópico vamos explorar o DRE em duas formas distintas: uma versão sintética, que oferece uma visão geral das principais contas de receitas e custos, e uma versão analítica, que detalha minuciosamente os componentes que contribuem para essas contas. Essas duas abordagens fornecem perspectivas complementares que permitem aos gestores e analistas uma compreensão abrangente das operações e resultados financeiros de uma organização. Vamos explorar cada uma dessas versões do DRE e destacar sua importância na tomada de decisões, na gestão eficaz dos recursos empresariais e nas informações para o cálculo dos custos.

6.1.2.1 DRE Sintético

O DRE em sua forma resumida e simplificada das receitas, custos e despesas de uma empresa durante um determinado período contábil. Esta versão condensada do DRE fornece uma visão panorâmica do desempenho financeiro da empresa, destacando suas principais fontes de receita e áreas de custos. Ao concentrar-se nos totais das contas, o DRE sintético oferece uma rápida compreensão da rentabilidade e eficiência operacional da organização, sendo uma ferramenta valiosa para a gestão e análise financeira. Vamos explorar mais detalhadamente como o DRE sintético é elaborado e como ele pode ser interpretado para orientar as decisões empresariais.

MODELO ESTRUTURA GERENCIAL DE RESULTADOS			
		VALOR	%
1.	RECEITA TOTAL		100,00%
2.	CUSTOS VARIAVEIS TOTAL		
3.	Custo Variável de Produção		
4.	Custo Variável de Vendas		
5.	MARGEM DE CONTRIBUIÇÃO		
6.	CUSTOS FIXOS		
7.	LUCRO OPERACIONAL		

6.1.2.2 DRE Analítico

O DRE em sua forma analítica oferece uma visão detalhada e minuciosa das receitas, custos e despesas de uma empresa ao longo de um período contábil específico. Ao contrário da versão sintética, o DRE analítico desdobra cada categoria em suas subcategorias, permitindo uma análise mais aprofundada do desempenho financeiro da organização. Essa abordagem detalhada fornece insights valiosos sobre os diferentes aspectos da operação, destacando áreas de eficiência e oportunidades de melhoria. Nesta exploração do DRE analítico, examinaremos como as várias linhas do demonstrativo são desmembradas e como essas informações podem ser interpretadas para embasar decisões estratégicas, operacionais e fornecer elementos para o cálculo do custo do produto.

DEMONSTRATIVO DO RESULTADO DE EXERCÍCIO			
	RECEITA/CUSTOS	VALOR	%
1.	RECEITA TOTAL		
2.	Custos Variáveis de produção		
2.1	Custo do produto vendido		
2.2	Gastos gerais de fabricação		
2.3	Prêmio produtividade		
2.4	Frete sobre compras		
3.	Custos variáveis de vendas		
3.1	ICMS		
3.2	PIS COFINS		
3.3	Frete sobre vendas		
3.4	Comissão sobre vendas		
4.	CUSTOS VARIÁVEIS TOTAL		
5.	MARGEM DE CONTRIBUIÇÃO		
6.	CUSTOS FIXOS		
6.1	Mão de obra direta		
6.2	Mão de obra indireta		
6.3	Depreciação		
6.4	Telefone		
6.5	Honorários contábeis		
6.6	Água utilizada na administração		
6.7	Seguros		
6.8	Material de expediente		
6.9	Impostos e taxas municipais		
6.10	Aluguel		
7.	LUCRO OPERACIONAL		
8.	PONTO DE EQUILIBRIO		
8.1	PONTO DE EQUILIBRIO FINANCEIRO		
8.2	PONTO DE EQUILIBRIO CONTÁBIL		
8.3	PONTO DE EQUILIBRIO ECONOMICO		

6.2 Ficha Técnica

A Ficha Técnica é um documento detalhado que descreve os componentes, materiais, medidas e outras especificações relevantes de um produto. Ela é comumente utilizada na indústria para fornecer informações precisas e completas sobre um item específico, permitindo o controle de qualidade, a padronização da produção e a garantia de consistência ao longo do tempo. A ficha técnica é essencial para orientar os processos de produção, garantindo que os produtos atendam aos padrões desejados e às expectativas dos clientes, e é um documento fundamental para o cálculo do custo, pois, apontam o custo da matéria-prima de um produto.

Além de descrever os aspectos técnicos de um produto, a ficha técnica também pode servir como uma importante fonte de informação para o cálculo de custos. Ao listar detalhadamente os materiais e componentes necessários para a fabricação do produto, bem como os processos envolvidos, a ficha técnica fornece uma base sólida para estimar os custos de produção. Dessa forma, a ficha técnica é uma ferramenta valiosa para os departamentos de custos na análise e gestão dos custos de produção.

Modelo de Ficha Técnica

FICHA TÉCNICA DO PRODUTO											
Ítem:	CÔMODAS							ALTURA			
Cor:	BRANCO							LARGURA			
Cód.:	6055							COMPRIMENTO			
COD.	PRODUTO	MATERIAL	QTDE	UN	MEDIDAS			TOTAL	C. UNITÁRIO		C. TOTAL
	ACESSÓRIOS										
	Cantoneira P/ Gaveta		10	UN				10,000	R$	2,00	R$ 20,00
	Cavilha		20	UN	6	30		20,000	R$	3,00	R$ 60,00
	Dobradiça Pressão AL2 Alta		2	UN				2,000	R$	1,00	R$ 2,00
	Embalagem 6055		1	UN	955	450	200	1,000	R$	1,50	R$ 1,50
	Esquema de Montagem		1	UN				1,000	R$	0,04	R$ 0,04
									TOTAL		*R$ 83,54*
	ESTRUTURA										
	Base	Cru Pintado	1	M2	0,878	0,450	15	0,3951	R$	5,00	R$ 1,98
	Corrediça	Cru	10	M2	0,390	0,033	15	0,1287	R$	5,62	R$ 0,72
	Divisão	Cru Pintado	1	M2	0,842	0,450	15	0,3789	R$	5,62	R$ 2,13
	Lateral Direita	FF	1	M2	0,977	0,450	15	0,4397	R$	7,80	R$ 3,43
	Lateral Esquerda	FF	1	M2	0,977	0,450	15	0,4397	R$	7,80	R$ 3,43
	Porta	FF	1	M2	0,872	0,294	15	0,2564	R$	7,80	R$ 2,00
									TOTAL		*R$ 13,68*
										TOTAL R$	*97,22*

Os **relatórios DRE (Demonstrativo de Resultados do Exercício) e a Ficha Técnica** desempenham papéis fundamentais no levantamento e na gestão dos custos na indústria, fornecendo informações valiosas para tomadas de decisão estratégicas. O DRE é uma ferramenta contábil que apresenta, de forma organizada e detalhada, as receitas e custos de uma empresa em determinado período, permitindo uma análise precisa do desempenho financeiro. Ao analisar o DRE, os gestores podem identificar quais áreas estão gerando lucro e quais estão apresentando prejuízo, possibilitando a adoção de medidas corretivas para melhorar a rentabilidade do negócio, extraindo dele os dados para formação do custo do produto.

Por outro lado, a Ficha Técnica é um documento que detalha todos os componentes e processos envolvidos na fabricação de um produto. Ela lista os materiais utilizados na fabricação do produto e as quantidades necessárias para a fabricação de cada unidade. A ficha técnica fornece uma visão abrangente dos custos da matéria-prima utilizada, permitindo uma análise minuciosa dos gastos envolvidos na fabricação de cada item. Com base nessas informações, os gestores podem identificar oportunidades de redução de custos, otimização de processos e melhoria da eficiência operacional.

Portanto, tanto o DRE quanto a Ficha Técnica são ferramentas essenciais para o levantamento e a gestão dos custos na indústria. Enquanto o DRE fornece uma visão macro do desempenho financeiro da empresa, a ficha técnica oferece uma visão detalhada dos custos de produção de cada item. Ao integrar essas duas fontes de informação, os gestores podem tomar decisões mais embasadas e estratégicas, visando a maximização dos lucros e a sustentabilidade financeira do negócio.

RECAPITULANDO

- Demonstrativo de Resultado do Exercício (DRE) é a Ferramenta para evidenciar os resultados da empresa. pode ser apresentando nas formas Sintética e Analítica para visões gerais e detalhadas.

- O DRE é elaborado por centros de custo e quando possível, por linha de produtos, que avalia os resultados de uma empresa;

- O regime de competência é um princípio contábil, onde os efeitos financeiros das transações e eventos são reconhecidos nos períodos nos quais ocorrem, independentemente de terem sido recebidos ou pagos;

- Receita sobre Vendas é o faturamento bruto da empresa realizado no período estabelecido;

- Custos Variáveis de Produção é o registro dos Custos Variáveis que incidiram sobre a Produção no período de análise;

- Custos Variáveis de Vendas é o registro dos Custos Variáveis que incidiram sobre as Vendas dos produtos da empresa no período;

- Margem de contribuição é a diferença entre receita e custos variáveis e demonstra como cada produto colabora para primeiro, amortizar os custos fixos, e, depois, constituir o lucro esperado pela empresa;

- Custos fixos são aqueles que não têm relação direta com o volume de produção.

- Ficha Técnica é o documento detalhado sobre componentes e processos de produção de um produto.

7 Sistemas de Custeio

Um sistema de custeio é formado tanto por princípios quanto por métodos. Os princípios de custeio estabelecem as diretrizes fundamentais que orientam a forma como os custos são tratados e atribuídos dentro de uma organização, enquanto os métodos de custeio são as técnicas específicas utilizadas para calcular e alocar os custos aos produtos, serviços ou atividades.

Os princípios de custeio, incluem conceitos como causalidade, relevância, objetividade, consistência e simplicidade. Eles fornecem uma base sólida para a prática de custeio, garantindo a precisão, a relevância e a consistência das informações geradas pelo sistema de custeio.

Por outro lado, os métodos de custeio são as abordagens práticas utilizadas para implementar esses princípios na prática. Alguns exemplos de métodos de custeio incluem o custeio por absorção, o custeio variável, o custeio baseado em atividades (ABC), entre outros. Cada método tem suas próprias características, vantagens e limitações, e a escolha do método mais adequado depende das características específicas da organização e de seus processos de produção.

Portanto, tanto os princípios quanto os métodos de custeio são componentes essenciais de um sistema de custeio eficaz. Os princípios fornecem a estrutura conceitual e os padrões de qualidade para as informações de custos, enquanto os métodos oferecem as ferramentas e técnicas necessárias para calcular e atribuir os custos de forma prática e precisa. Juntos, eles ajudam as organizações a entender e gerenciar seus custos de forma mais eficaz, apoiando a tomada de decisão gerencial e contribuindo para o sucesso financeiro da empresa.

Sistema de Custos é uma estrutura organizada e metodológica utilizada por empresas para registrar, mensurar, analisar e controlar os custos relacionados à produção de bens ou serviços. Esses sistemas são projetados para fornecer informações precisas sobre os custos incorridos em cada etapa do processo produtivo, desde a aquisição de matérias-primas até a entrega do produto ao cliente. Eles permitem que as empresas compreendam melhor seus custos e tomem decisões mais embasadas relacionadas à formação de preços, alocação de recursos e otimização de processos.

Os sistemas de custos desempenham um papel fundamental na gestão financeira e no levantamento e determinação dos custos das organizações, fornecendo informações essenciais para a tomada de decisões estratégicas. Ao registrar e analisar os custos associados à produção de bens ou serviços, esses sistemas oferecem insights valiosos sobre a eficiência operacional, a rentabilidade dos produtos e a alocação eficaz de recursos. Neste tópico, exploraremos a importância dos sistemas de custos, suas principais características e como são utilizados pelas empresas para melhorar o desempenho financeiro e operacional.

Podemos classificar os Sistemas de Custeio em dois grandes grupos: **Sistema de Custeio Tradicional e Sistema de Custeio Contemporâneo**, ressaltando que apesar do surgimento dos Sistemas Contemporâneos, os sistemas tradicionais de custeio continuam ainda sendo os mais utilizados pela maioria das empresas.

Ao definirem por um Sistema de Custos, os gestores devem considerar quatro importantes pontos:

1. A relação custo – benefício, essencial na determinação e escolha do Sistema de Custo a ser implantado na empresa. O gestor ao optar por um sistema sofisticado de custeio deve considerar se os custos da implantação e manutenção trarão os benefícios esperados.

2. O Sistema de Custos deve ser adequado ao sistema operacional da empresa e não vice e versa. Qualquer mudança importante no sistema operacional provavelmente implicará numa mudança correspondente no sistema de custeio. A definição de um sistema mais adequado começa com cuidadoso estudo de como são conduzidas as operações e quais as informações que deverão ser levantadas e registradas.

3. O Sistema de Custos deve auxiliar no levantamento de informações para a tomada de decisão.

4. O Sistema de Custos é mais uma das fontes de informação dos gestores. Nas tomadas de decisão, os gestores devem combinar informações de custos com outras informações, incluindo observações pessoais, tempo de preparação de equipamentos e ferramentas, taxa de absenteísmo entre outras.

Um **Sistema de Custos** é composto por um **Princípio** geral norteador e métodos de custeio. O princípio está relacionado à definição das informações mais adequadas às necessidades da empresa. Em geral, o princípio orienta a análise das parcelas de custos diretos e indiretos que devem ser levadas em consideração (MARTINS, 1995).

Antes de iniciarmos a discussão dos sistemas, é importante a compreensão do que são os princípios e o que são métodos de custos:

7.1 Princípios

Segundo os princípios de custeio estão ligados aos objetivos dos sistemas de custos, onde estão relacionados aos objetivos da contabilidade de custos sendo eles: a avaliação de estoques, o auxílio ao controle e a tomada de decisões (BORNIA,2002, p. 53).

Os princípios são definidos como a forma de alocação dos custos de produção de um produto ou serviço, englobam tanto as variáveis, diretamente proporcionais à oferta dos bens ou serviços, quanto os custos fixos, não diretamente alterados pelo aumento e redução da produção.

São diretrizes fundamentais que fundamentam a prática da contabilidade de custos, estabelecendo os conceitos básicos e as regras gerais que norteiam a determinação dos custos de produção e sua atribuição aos produtos ou serviços. Exemplos desses princípios incluem o princípio da causalidade, que determina que os custos devem ser atribuídos às atividades ou produtos que os causaram, e o princípio da consistência, que preconiza que os mesmos métodos de custeio devem ser aplicados consistentemente ao longo do tempo para permitir comparações significativas. Entre os principais princípios de custeio, destacam-se:

Princípio do Custo Histórico: Esse princípio estabelece que os custos devem ser registrados com base nos valores efetivamente incorridos no passado. Ele fornece uma base sólida para a avaliação do desempenho financeiro da empresa e a tomada de decisões.

Princípio do Custo Real: Este princípio preconiza que os custos devem refletir com precisão os recursos consumidos na produção de bens e serviços. Isso significa que os custos devem ser atribuídos de forma objetiva e imparcial, evitando distorções que possam prejudicar a análise e o controle financeiro.

Princípio do Custo Oportunidade: Esse princípio reconhece o valor dos recursos em termos de suas alternativas mais valiosas. Ele incentiva as empresas a considerarem não apenas os custos diretos incorridos, mas também as oportunidades perdidas ao utilizar determinados recursos em detrimento de outras atividades.

Princípio da Causalidade: Este princípio defende que os custos devem ser atribuídos às atividades ou produtos que os causaram de forma direta ou indireta. Isso requer uma análise cuidadosa das relações de causa e efeito entre os custos e as atividades empresariais.

Princípio da Relevância: Este princípio destaca a importância de considerar apenas os custos relevantes na tomada de decisão. Custos relevantes são aqueles que mudam em resposta a uma decisão específica e, portanto, devem ser levados em conta ao avaliar as alternativas disponíveis.

Princípio da Objetividade: Esse princípio enfatiza a necessidade de imparcialidade e neutralidade na mensuração e atribuição dos custos. Os métodos de custeio devem ser aplicados de forma objetiva, evitando viés ou distorções que possam prejudicar a precisão das informações.

Princípio da Consistência: Este princípio sugere que os métodos de custeio devem ser aplicados consistentemente ao longo do tempo e em diferentes situações. Isso ajuda a garantir a comparabilidade das informações ao longo do tempo e facilita a análise das tendências e padrões de custos.

Princípio da Simplicidade: Por fim, o princípio da simplicidade defende que os sistemas de custeio devem ser tão simples quanto possível, desde que atendam às necessidades de informação da organização. Isso evita a complexidade desnecessária e facilita o entendimento e a utilização das informações geradas.

Esses princípios servem como guias importantes na formulação e implementação de sistemas de custeio eficazes, garantindo que as informações produzidas sejam relevantes, precisas e úteis para a tomada de decisão gerencial. Eles ajudam a promover uma abordagem consistente e transparente para o tratamento dos custos dentro da organização, contribuindo para a melhoria do desempenho e o alcance dos objetivos estratégicos.

7.2 Métodos

Os **Métodos** consistem no processo aplicado por uma organização para alocar custos aos seus produtos ou serviços, os métodos de custeio tratam da parte operacional, ou seja, do processamento dos dados e informações. Para Santos (1999, p.78), método "é o critério utilizado, por uma unidade, para apropriar custos dos fatores de produção às entidades de objeto de acumulação de custos, definidos pelo método de acumulação de custos".

Os métodos de custeio são as técnicas e procedimentos utilizados para calcular e atribuir os custos aos produtos ou serviços. Eles variam em complexidade e aplicação, sendo escolhidos com base nas necessidades específicas de cada empresa e nas características de seus processos produtivos.

O método de custeio é uma abordagem ou técnica utilizada pelas empresas para atribuir custos aos produtos, serviços ou atividades. Ele define como os custos serão alocados e tratados dentro do sistema contábil e de gestão da empresa. Esses métodos são fundamentais para determinar o custo de produção de bens ou serviços, permitindo à empresa calcular corretamente os custos envolvidos em suas operações e tomar decisões gerenciais mais informadas.

Existem diferentes métodos de custeio, cada um com suas próprias características e aplicabilidades. Alguns dos métodos mais comuns incluem o custeio por absorção, o custeio variável, o custeio baseado em atividades (ABC), o custeio direto ou variável e o custeio padrão. Cada método tem suas vantagens e limitações, e a escolha do método mais apropriado depende das necessidades específicas da empresa, da natureza de seus custos e de seus objetivos de gestão. Em suma, o método de custeio é essencial para uma gestão eficaz dos custos e para a tomada de decisões estratégicas e operacionais.

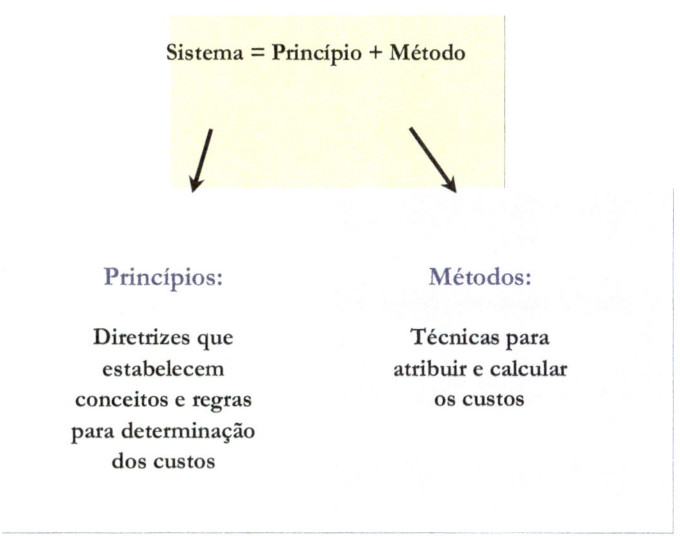

Determinar ou apurar o custo de um produto pode ser feito não apenas de uma única forma, ou utilizando apenas um método. Dentro da literatura sobre custos podemos encontrar diversos métodos ou diversos sistemas de Custos. Em geral podemos dividir os sistemas de custos em dois grandes grupos: Sistemas de Custo Tradicionais e Sistemas de Custo Contemporâneos.

Os Sistemas Tradicionais são aqueles comumente mais utilizados e apresenta como exemplo o custeio por absorção, que o sistema de custeio mais empregado dentro das empresas além de ser um dos poucos sistemas aceitos pelo fisco.

Os Sistemas Contemporâneos surgiram a partir dos sistemas

tradicionais e em alguns momentos repetem em muitos os seus conceitos e métodos, entretanto, com a chegada de novas atividades econômicas e a criação de novos processos industriais, os sistemas tradicionais já não atendiam as necessidades de informações e assim surgiram os sistemas contemporâneos, justamente para suprir às necessidades dos novos gestores e proporcionar relatórios e dados mais confiáveis e condizentes a nova realidade dessas empresas.

Cada tipo de sistema e os seus métodos apresentam certas particularidades e talvez a missão mais difícil do gestor de custos é encontrar ou determinar qual o sistema ou método será empregado dentro da empresa, analisando não somente daquele que irá refletir melhor a realidade dentro da empresa, mas também aquele que irá suprir todas as necessidades de informações dos gestores e atender o custo-benefício da empresa.

Nas próximos dois Capítulos, discorreremos sobre **Sistemas de Custo Tradicionais e Sistemas Contemporâneos**, apresentando os conceitos e as metodologias para a implantação de custos em uma empresa, apontando a análise custo-benefício fundamentos para a escolha do método.

RECAPITULANDO

• Princípios de Custeio: Os princípios incluem conceitos como causalidade, relevância, objetividade, consistência e simplicidade. Eles garantem a precisão, relevância e consistência das informações geradas pelo sistema de custeio, fornecendo uma base sólida para a prática de custeio.

• Métodos de Custeio: Os métodos são as abordagens práticas para implementar os princípios na prática. Exemplos incluem o custeio por absorção, custeio variável, custeio baseado em atividades (ABC), entre outros, cada um com suas próprias características e aplicabilidades.

• Importância dos Sistemas de Custeio: Os sistemas de custeio são essenciais para fornecer informações precisas sobre os custos de produção, permitindo que as empresas compreendam seus custos e tomem decisões informadas sobre preços, alocação de recursos e otimização de processos

- Escolha do Método: A escolha do método de custeio mais adequado depende das características específicas da organização e de seus processos produtivos, bem como de seus objetivos de gestão. Cada método tem vantagens e limitações, e a escolha deve considerar as necessidades da empresa e o custo-benefício da implementação.

8 Sistemas Tradicionais De Custeio

Os sistemas tradicionais de custeio referem-se a abordagens convencionais para calcular os custos de produção de uma empresa. Esses sistemas costumam ser mais simples e diretos em comparação com abordagens mais avançada.

Fórmula Universal de Custo

$$Custo = \frac{\textbf{\textit{Valores Absolutos}} \text{ (\$)}}{\textbf{\textit{Valores Relativos}} \text{ (\%)}}$$

8.1 Custeio por Absorção

O custeio por absorção é um método que atribui todos os custos de produção, tanto os custos diretos (como matéria-prima e mão de obra direta) quanto os custos indiretos (como custos gerais de fabricação e custos administrativos), aos produtos fabricados. Isso significa que todos os custos relacionados à produção são absorvidos pelo custo dos produtos vendidos. No custeio por absorção, os custos indiretos são rateados ou alocados aos produtos com base em critérios específicos, como horas de trabalho, custo direto ou capacidade de produção, para determinar o custo total de cada produto. Esse método é considerado o mais apropriado para a elaboração de relatórios financeiros externos, pois está em conformidade com os princípios contábeis geralmente aceitos e fornece uma visão mais completa e precisa dos custos envolvidos na produção.

Seu esquema de apuração do Custeio por absorção segue as seguintes etapas:

1. **Identificação dos Custos Diretos**: Os custos diretos, como matéria-prima e mão de obra direta, são identificados e associados diretamente aos produtos.

2. **Alocação dos Custos Fixos:** Os custos fixos são alocados aos produtos de forma indireta. Isso pode ser feito por meio de critérios de rateio, como horas de trabalho, custo direto ou capacidade de produção

3. **Determinação do Custo Total dos Produtos:** Aplicada a fórmula de custeio para determinação do custo total

No âmbito gerencial, o custeio por absorção pode ser subdividido em dois métodos: o **Custeio Por Absorção Integral** e o **Custeio Por Absorção Ideal.** No primeiro método, os custos fixos são alocados a cada produto com base **na quantidade total produzida**. Já no segundo método, os custos fixos são atribuídos com base na **quantidade total vendida**.

8.1.1   Custeio por Absorção Integral

Para o cálculo do Custeio por Absorção Integral, aplica-se a seguinte fórmula:

$$Custo\ do\ Produto = \frac{MP + CFU}{\frac{100 - (CVV\% + CVP\%)}{100}}$$

Onde:

- **MP:** matéria-prima utilizada na fabricação do item.
- **CFU:** custo fixo unitário
- **CVV:** custo variável de vendas em percentual extraido do DRE
- **CVP:** custo variável de produção em percentual extraido do DRE, deduzido a matéria-prima.

O custo fixo unitário é obtido dividindo o Custo Fixo Total, pelo total de produtos produzidos pela empresa no período:

$$Custo\ Fixo\ Unitário = \frac{Custo\ Fixo\ Total}{Quantidade\ Total\ de\ Produtos\ Produzidos}$$

Exemplo:

A Industria de Camisas Corte Certo Ltda, deseja calcular o custo unitário da Camisa tamanho Grande de sua nova coleção. A matéria-prima necessária para fabricação da Camisa tamanho Grande(G), levantadas pelo apontamento de custo e registrada na Ficha Técnica do Item é de $105,00, para a camisa tamanho Médio (M) é $ 85,00 e para a Camisa tamanho P (P)é de $ 60,00. O DRE da empresa, apontou que no mês os Custos Variáveis de Vendas foram de 17%, os Custos Varáveis de Produção já descontado a Matéria-Prima utilizada na fabricação dos produtos vendidos foi de 8% e o Custo Fixo Total apontado no DRE foi de $ 28.000,00. Neste mês a **empresa produziu 2000 Camisas tamanho G, 1200 Camisas tamanho M e 800 Camisas tamanho P** e do total de camisas produzidas foram vendidas 1800 Camisas tamanho G, 1100 Camisas tamanho M e 800 Camisas tamanho P. Calcular o Custo de cada tamanho pelo **Método de Absorção Integral.**

Primeira Etapa: Cálculo do Custo Fixo dos produtos produzidos pela empresa:

$$Custo\ Fixo\ Unitário = \frac{Custo\ Fixo\ Total}{Quantidade\ Total\ de\ Produtos\ Produzidos}$$

$$Custo\ Fixo\ Unit = \frac{Custo\ Fixo\ Total}{Qtde\ Prod.Tam.G + Qtde.Prod.Tam.M + Qtde.Prod.Tam.P}$$

$$Custo\ Fixo\ Unit = \frac{28.000,00}{2000 + 1200 + 800}$$

$$\boldsymbol{Custo\ Fixo\ Unit = \$\ 7,00}$$

Importante: Neste período (mês), cada camisa produzida pela empresa terá um custo fixo unitário de **$7,00** atribuído a ela, independentemente do volume de produção por tamanho.

Custo Total da Camisa tamanho G

* Matéria-Prima do Item: 105,00 (obtido da Ficha Técnica
* Custo Variável de Vendas: 17% (obtido do DRE)
* Custo Variável de Produção: 8% (já descontado a Matéria-prima, obtido do DRE)
* **Custo Fixo Unitário: $ 7,00**

$$Custo\ do\ Produto = \frac{MP + CFU}{\dfrac{100 - (CVV\ \% + CVP\%)}{100}}$$

$$Custo\ Camisa\ G = \frac{105,00 + 7,00}{\dfrac{100 - (17 + 8)}{100}}$$

$$Custo\ Camisa\ G = \frac{112,00}{0,75}$$

$$\boldsymbol{Custo\ Camisa\ G = \$\ 149,33}$$

Custo Total da Camisa tamanho M

- Matéria-Prima do Item: 85,00 (obtido da Ficha Técnica
- Custo Variável de Vendas: 17% (obtido do DRE)
- Custo Variável de Produção: 8% (já descontado a Matéria-prima, obtido do DRE)
- Custo Fixo Unitário: $ 7,00

$$Custo\ do\ Produto = \frac{MP + CFU}{\dfrac{100 - (CVV\ \% + CVP\%)}{100}}$$

$$Custo\ Camisa\ M = \frac{85,00 + 7,00}{\dfrac{100 - (17 + 8)}{100}}$$

$$Custo\ Camisa\ M = \frac{92,00}{0,75}$$

$$\boldsymbol{Custo\ Camisa\ M = \$\ 122,66}$$

Custo Total da Camisa tamanho P

- Matéria-Prima do Item: 60,00 (obtido da Ficha Técnica
- Custo Variável de Vendas: 17% (obtido do DRE)

- Custo Variável de Produção: 8% (já descontado a Matéria-prima, obtido do DRE)
- **Custo Fixo Unitário: $ 7,00**

$$Custo\ do\ Produto = \frac{MP + CFU}{\frac{100 - (CVV\ \% + CVP\%)}{100}}$$

$$Custo\ Camisa\ P = \frac{60,00 + 7,00}{\frac{100 - (17 + 8)}{100}}$$

$$Custo\ Camisa\ P = \frac{67,00}{0,75}$$

$$\textbf{\textit{Custo Camisa P}} = \$\,\textbf{89,33}$$

8.1.2 Custeio por Absorção Ideal

Para o cálculo do **Custeio por Absorção Ideal**, aplica-se a seguinte fórmula:

$$\textbf{\textit{Custo do Produto}} = \frac{MP + CFU}{\frac{100 - (CVV\ \% + CVP\%)}{100}}$$

Onde:

- **MP:** matéria-prima utilizada na fabricação do item.
- **CFU:** custo fixo unitário
- **CVV:** custo variável de vendas em percentual extraido do DRE
- **CVP:** custo variável de produção em percentual extraido do DRE, deduzido a matéria-prima.

O custo fixo unitário é obtido dividindo o Custo Fixo Total, pelo **total de produtos vendidos** pela empresa no período:

$$Custo\ Fixo\ Unitário = \frac{Custo\ Fixo\ Total}{Quantidade\ Total\ de\ Produtos\ Vendidos}$$

Exemplo:

A Industria de Camisas Corte Certo Ltda, deseja calcular o custo unitário da Camisa tamanho Grande de sua nova coleção. A matéria-prima necessária para fabricação da Camisa tamanho Grande(G), levantadas pelo apontamento de custo e registrada na Ficha Técnica do Item é de $105,00, para a camisa tamanho Médio (M) é $ 85,00 e para a Camisa tamanho P (P)é de $ 60,00. O DRE da empresa, apontou que no mês os Custos Variáveis de Vendas foram de 17%, os Custos Varáveis de Produção já descontado a Matéria-Prima utilizada na fabricação dos produtos vendidos foi de 8% e o Custo Fixo Total apontado no DRE foi de $ 28.000,00. Neste mês a empresa produziu 2000 Camisas tamanho G, 1200 Camisas tamanho M e 800 Camisas tamanho P e do total de camisas produzidas foram vendidas **1800 Camisas tamanho G, 1100 Camisas tamanho M e 800 Camisas tamanho P.** Calcular o Custo de cada tamanho pelo **Método de Absorção Ideal.**

Primeira Etapa: Cálculo do Custo Fixo dos produtos vendidos pela empresa:

$$Custo\ Fixo\ Unitáio = \frac{Custo\ Fixo\ Total}{Quantidade\ Total\ de\ Produtos\ Vendidos}$$

$$Custo\ Fixo\ Unit = \frac{Custo\ Fixo\ Total}{Qtde\ Vend.Tam.G + Qtde.Prod.Tama.M + Qtde.Prod.Tam.P}$$

$$Custo\ Fixo\ Unit = \frac{28.000,00}{1800 + 1100 + 800}$$

$$\textbf{Custo Fixo Unit} = \$ 7,57$$

Importante: **Neste período (mês), cada camisa vendida pela empresa terá um custo fixo unitário de $7,57 atribuído a ela, independentemente do volume de vendas por tamanho.**

Custo Total da Camisa tamanho G

- Matéria-Prima do Item: 105,00 (obtido da Ficha Técnica
- Custo Variável de Vendas: 17% (obtido do DRE)
- Custo Variável de Produção: 8% (já descontado a Matéria-prima, obtido do DRE)
- Custo Fixo Unitário: $ 7,57

$$Custo\ do\ Produto = \frac{MP + CFU}{\dfrac{100 - (CVV\ \% + CVP\%)}{100}}$$

$$Custo\ Camisa\ G = \frac{105{,}00 + 7{,}57}{\dfrac{100 - (17 + 8)}{100}}$$

$$Custo\ Camisa\ G = \frac{112{,}57}{0{,}75}$$

$$\boldsymbol{Custo\ Camisa\ G = \$\ 150{,}09}$$

Custo Total da Camisa tamanho M

- Matéria-Prima do Item: 85,00 (obtido da Ficha Técnica
- Custo Variável de Vendas: 17% (obtido do DRE)
- Custo Variável de Produção: 8% (já descontado a Matéria-prima, obtido do DRE)
- Custo Fixo Unitário: $ 7,57

$$Custo\ do\ Produto = \frac{MP + CFU}{\dfrac{100 - (CVV\ \% + CVP\%)}{100}}$$

$$Custo\ Camisa\ M = \frac{85{,}00 + 7{,}57}{\dfrac{100 - (17 + 8)}{100}}$$

$$Custo\ Camisa\ M = \frac{92{,}57}{0{,}75}$$

$$\boldsymbol{Custo\ Camisa\ M = \$\ 123{,}42}$$

Custo Total da Camisa tamanho P

- Matéria-Prima do Item: 60,00 (obtido da Ficha Técnica
- Custo Variável de Vendas: 17% (obtido do DRE)
- Custo Variável de Produção: 8% (já descontado a Matéria-prima, obtido do DRE)
- Custo Fixo Unitário: $ 7,57

$$Custo\ do\ Produto = \frac{MP + CFU}{\dfrac{100 - (CVV\ \% + CVP\%)}{100}}$$

$$Custo\ Camisa\ P = \frac{60,00 + 7,57}{\dfrac{100 - (17 + 8)}{100}}$$

$$Custo\ Camisa\ P = \frac{67,57}{0,75}$$

$$\boldsymbol{Custo\ Camisa\ P = \$\ 90,09}$$

8.1.3 Vantagens e Desvantagens do Método

- **Vantagens:**

Conformidade com Princípios Contábeis: O custeio por absorção está em conformidade com os princípios contábeis geralmente aceitos, tornando os relatórios financeiros mais confiáveis e consistentes.

Relatórios Financeiros Externos: É considerado o método mais apropriado para a elaboração de relatórios financeiros externos, fornecendo uma visão mais completa e precisa dos custos envolvidos na produção.

Simplicidade: Pode ser mais simples de implementar e entender, especialmente para empresas que não têm sistemas de contabilidade sofisticados.

- **Desvantagens:**

Impacto da Produção e das Vendas: Os custos fixos são atribuídos aos produtos com base na produção (Absorção Integral) ou com base nas vendas (Absorção Ideal), o que pode distorcer os custos quando a produção ou as vendas flutuarem.

Tomada de Decisão: Pode distorcer a avaliação do desempenho e a tomada de decisão, especialmente se houver flutuações significativas na produção ou vendas.

Manipulação de Lucros: Pode ser suscetível a manipulações de lucros, pois os custos fixos são distribuídos entre os produtos fabricados, podendo afetar a lucratividade relatada da empresa.

8.2   Custo Padrão

Neste método, os custos são apropriados estimando o quanto deveriam ser e não pelo seu valor real. O custo-padrão é estabelecido pela empresa como meta para seus produtos considerando suas características, quantidade e preços dos insumos. O custo-padrão pode ser:

Ideal: Custo definido pela Engenharia de Produção dentro das condições ideais (qualidade da matéria-prima, mão-de-obra, etc.).

Estimado: custo projetado com base na média de custos passados.

Corrente: custo projetado com base em estudos da eficiência da produção, considerando as deficiências existentes e que não podem ser sanadas no curto prazo.

Para Ferreira (2007), este método auxilia na fixação dos padrões desejados de custos e orienta a empresa na solução das diferenças da sua comparação com o **custo real**.

8.2.1   Cálculo do Custo

• **Matéria-Prima (MP):** O custo da matéria-prima pode ser calculado de forma simples multiplicando o preço unitário da matéria-prima pela quantidade utilizada

$$CPMP - Prima = QU \times PP$$

Onde:

•   **CPMP:** custo padrão de matéria-prima

- **QU:** quantidade de matéria-prima utilizada

- **PP:** preço padrão unitário da matéria-prima

• **Mão-de-Obra Direta (MOD)**. Para o estabelecimento dos padrões de mão-de-obra, primeiro devemos escolher um método de operação, considerando o estudo sobre os equipamentos, suas condições, disposição na fábrica (layout), transporte interno e abastecimento da linha de produção e estabelecendo o tempo de mão-de-obra para a fabricação de uma unidade ou de um lote. Estas informações são fornecidas pelo setor de engenharia ou fabricação e encaminhadas ao setor de custos, que estabelecerá o custo de mão-de-obra padrão para os produtos fabricados:

$$CPMO = TP \; x \; CPUMO$$

Onde:

- **CPMO :** custo padrão de mão-de-obra

- **TP:** tempo padrão

- **CPUMO:** custo padrão unitário da mão-de-obra

Custos Indiretos de Fabricação (CIF). Para calcular a taxa padrão dos custos indiretos de fabricação (CIF) por unidade divide-se o total dos custos indiretos de fabricação, aluguel, manutenção, energia etc., pelo total de unidades produzidas. A fórmula para isso é:

$$TP \; CIF \; un. = \frac{Total \; dos \; CIF.}{Total \; de \; unidades \; produzidas}$$

Onde:

- **TP CIF un:** taxa padrão de custo indireto de fabricação por unidade

- **CIF:** custo indireto de fabricação

Custo total de Fabricação é a soma dos custos unitários de Matéria-Prima, Mão-de-Obra Direta e dos Custos Indiretos de

Fabricação:

$$Custo\ Total = Custo\ MP + Custo\ MOD + CIF$$

8.2.2 Variação de Taxa e a Variação de Eficiência

Com o levantamento do custo real de fabricação é possível demonstrar a **Variação de Taxa e a Variação de Eficiência**:

• **Variação de Taxa de Matéria- Prima**: As taxas de variação da matéria-prima podem incluir:

• **Variação da Taxa de Preço**: Refere-se à diferença entre o preço padrão e o preço real pago pela matéria-prima. É calculada multiplicando a diferença entre o preço real e o preço padrão pela quantidade real adquirida.

$$Variação\ de\ Preço = (PR - PP)\ x\ Quant.\ Real$$

Onde:
- **Preço Real (PR):** Preço final obtido

- **Preço Padrão (PP):** Preço Projetado

- **Quantidade Real (QR):** Quantidade Produzida

• **Variação da Taxa de quantidade**: Indica a diferença entre a quantidade padrão e a quantidade real de matéria-prima utilizada na produção. É calculada multiplicando a diferença entre a quantidade real e a quantidade padrão pelo preço padrão.

$$Variação\ de\ Quant. = (QR - QP)\ x\ PR$$

Onde:
- **Quantidade Real (QR):** A quantidade real de matéria-prima efetivamente utilizada na produção.

- **Quantidade Padrão (QP):** A quantidade de matéria-prima que deveria ter sido utilizada, conforme o padrão estabelecido.

- **Preço Padrão (PP):** O preço padrão por unidade da matéria-prima.

• **Variação da Eficiência da Matéria-prima:** Para calcular a variação de eficiência da matéria-prima, precisamos comparar a quantidade real de matéria-prima utilizada na produção com a quantidade padrão esperada para a mesma produção. Aqui está a fórmula para calcular a variação de eficiência da matéria-prima:

$$Variação\ Eficiência\ MP\ Preço\ \% = \left[\left(\frac{PR}{PP}\right) - 1\right] x\ 100$$

$$Variação\ Eficiência\ MP\ QTDE\ \% = \left[\left(\frac{QR}{QP}\right) - 1\right] x\ 100$$

Essas taxas de variação são essenciais para analisar as diferenças entre os custos reais e os custos padrão da matéria-prima, permitindo que a gestão avalie o desempenho e tome medidas corretivas, se necessário.

• **Variação de Taxa da Mão de Obra Direta:** Essa medida compara o custo real de mão de obra com o custo padrão esperado. Para calcular a variação de taxa, subtraímos o custo real (representado pelo salário-hora pago ao funcionário da produção) do custo padrão (representado pela taxa salarial-padrão) e multiplicamos pelo número de horas reais trabalhadas.

A fórmula é:

$$Variação\ de\ Taxa\ (VT) = (TR - TP)\ x\ HR$$

Onde:

- **TR:** Taxa Salarial Real

- **TP:** Taxa Salarial Padrão

- **HR:** Horas Reais

A Taxa Salarial Padrão é calculada com base na estimativa do custo da mão de obra por hora prevista pela empresa para a produção de seus produtos ou serviços. Geralmente, essa estimativa é determinada considerando diversos fatores, como salários médios da indústria, acordos sindicais, benefícios e encargos trabalhistas.

A fórmula para calcular a taxa salarial padrão é:

$$Taxa\ Salarial\ Padrão = \frac{Custo\ Total\ Previsto\ de\ MOD}{Total\ de\ Horas\ de\ MOD\ Previstas}$$

Por exemplo, se a empresa planeja gastar $10.000,00 em mão de obra direta durante um mês, e espera-se que os funcionários trabalhem um total de 500 horas nesse período, a taxa salarial padrão seria:

$$Taxa\ Salarial\ Padrão = \frac{10.000,00}{500}$$

$$Taxa\ Salarial\ Padrão = 20,00\ hora$$

Portanto, a taxa real de trabalho seria de $ 20,00 por hora. Esse valor representa o custo real incorrido pela empresa para cada hora de trabalho dos funcionários durante o período especificado. Comparando a taxa real de trabalho com a taxa salarial padrão, a empresa pode avaliar se está gastando mais ou menos em mão de obra do que o planejado.

A **Taxa Salarial Real** é calculada com base no custo total real da mão de obra direta em relação ao número total de horas de trabalho efetivamente realizadas pelos funcionários. A fórmula para calcular a taxa real de trabalho é

$$Taxa\ Salárial\ Real = \frac{Custo\ Total\ de\ MOD}{Total\ de\ Horas\ de\ MOD\ Realizadas}$$

Por exemplo, se durante um determinado período a empresa gastou $15.000,00 em mão de obra direta e os funcionários trabalharam um total de 600 horas, então a taxa real de trabalho seria:

$$Taxa\ Salarial\ Real = \frac{15.000,00}{600}$$

$$Taxa\ Salarial\ Real = \$\ 25,00\ hora$$

Portanto, a **taxa salarial real** seria de **\$25,00** por hora. Esse valor representa o custo real incorrido pela empresa para cada hora de trabalho dos funcionários durante o período especificado. Comparando a taxa real de trabalho com a taxa salarial padrão, a empresa pode avaliar se está gastando mais ou menos em mão de obra do que o planejado.

Variação de Eficiência: Essa medida compara o tempo real gasto na produção com o tempo padrão esperado. Para calcular a variação de eficiência, subtraímos o tempo real (horas reais trabalhadas) do tempo padrão (horas padrão estipuladas para a fabricação).

A fórmula é:

$$Varia\varsigma\tilde{a}o\ da\ Efici\hat{e}ncia\ MOD\ \% = \left[\left(\frac{HR}{HP}\right) - 1\right] x100$$

Onde:

• **HR:** Horas Reais

• **HP:** Horas Padrão

Essas variações são importantes para identificar desvios no desempenho da mão de obra em relação ao planejado, permitindo que a empresa avalie sua eficiência e tome medidas corretivas, se necessário.

As **Variações de Custos Indiretos de Fabricação**, referem-se às diferenças entre os custos indiretos de fabricação (CIF) incorridos e os custos indiretos de fabricação esperados ou padrão. Essas variações podem ser de dois tipos principais: variação de taxa e variação de eficiência.

Variação de taxa: Esta variação ocorre devido a mudanças no custo por unidade de medida dos custos indiretos de fabricação. A fórmula para calcular a variação de taxa é:

$$Varia\varsigma\tilde{a}o\ da\ Taxa\ do\ CIF = (CIF\ Real - CIF\ Padr\tilde{a}o)\ x\ QR$$

Onde:

- **CIF Real** é o custo indireto de fabricação real incorrido.

- **CIF Padrão** é o custo indireto de fabricação padrão ou prédeterminado por unidade de medida

- **Quantidade Real (QR)** é a quantidade real de produção ou a base real de alocação dos custos indiretos.

Para calcular o Custo Indireto de Fabricação (CIF) real incorrido, multiplica-se a taxa real do CIF pelo total de horas de trabalho direto real.

A fórmula é a seguinte:

$$CIF\ Real\ Incorrido = TR\ do\ CIF\ X\ HT\ Real$$

Onde:

- **TR** é a taxa real do CIF.

- **HR** são as horas de trabalho real

Por exemplo, suponha que a taxa real do CIF seja $ 6,00 por hora de trabalho direto e que tenham sido trabalhadas 1.600 horas de trabalho direto. Então o cálculo seria:

$$CIF\ Real\ Incorrido = 6,00\ x\ 1600$$

$$CIF\ Real\ Incorrido = \$\ 9.600,00$$

Portanto, o CIF real incorrido é de $9.600,00. Isso representa o montante real gasto em custos indiretos de fabricação com base nas horas de trabalho direto reais.

Variação de eficiência do CIF: Esta variação surge devido a mudanças na eficiência na utilização dos recursos. A fórmula para calcular a variação de eficiência é:

$$Varia\varsigma\tilde{a}o\ da\ Efici\hat{e}ncia\ CIF\ \% = \left[\left(\frac{Cif\ Real}{Cif\ Padr\tilde{a}o}\right) - 1\right] x\ 100$$

Essas variações ajudam as empresas a identificar áreas onde os custos indiretos de fabricação diferem do esperado, permitindo que tomem medidas corretivas para melhorar a eficiência e o controle de custos.

Exemplo de aplicação

Suponha que a empresa XYZ, fabricante de móveis, está implementando o custeio padrão em sua linha de produção de cadeiras.

A empresa estabeleceu os seguintes padrões para custos:

Matéria-Prima (MP):
- Padrão de Quantidade: 5 metros cúbicos por cadeira
- Preço Padrão por metro cúbico: $50,00

Mão-de-Obra Direta (MOD):
- Tempo Padrão por Cadeira: 2 horas
- Custo Padrão por Hora de Mão-de-Obra: $20,00

Custos Indiretos de Fabricação (CIF):
- Total dos Custos Indiretos de Fabricação: $10.000,00
- Total de Unidades Produzidas: 200 unidades

Com base nesses padrões, podemos calcular os custos:

1. **Custo Padrão de Matéria-Prima (MP) ($) por cadeira:**

$$Custo\ Padr\tilde{a}o\ MP = Padr\tilde{a}o\ de\ Quant.\ x\ Pre\varsigma o\ Padr\tilde{a}o$$

$$Custo\ Padr\tilde{a}o\ de\ Mat\acute{e}ria - Prima = 5\ x\ 250,00$$

$$Custo\ Padr\tilde{a}o\ de\ Mat\acute{e}ria - Prima = \$\ 250,00\ por\ cadeira$$

2. **Custo Padrão de Mão-de-Obra Direta (MOD) por cadeira:**

$$Custo\ Padr\tilde{a}o\ MO = Tempo\ Padr\tilde{a}o\ x\ Custo\ MO\ Padr\tilde{a}o$$

$$Custo\ Padrão\ Mão-de-Obra = 2\ x\ 20,00$$

$$Custo\ Padrão\ Mão-de-Obra = \$\ 40,00\ por\ cadeira$$

3. **Taxa Padrão do CIF por cadeira:**

$$Taxa\ Padrão\ do\ CIF\ un = \frac{Total\ dos\ CIF.}{Total\ de\ unidades\ produzidas}$$

$$Taxa\ Padrão\ do\ CIF\ por\ unidade = \frac{10.000,00.}{200}$$

$$Taxa\ Padrão\ do\ CIF\ por\ unidade = \$\ 50,00\ por\ cadeira$$

4. **Custo Total de Fabricação por cadeira:**

$$Custo\ Total = Custo\ MP + Custo\ MOD + CIF$$

$$Custo\ Total = 250,00 + 40,00 + 50,00$$

$$Custo\ Total = \$\ 340,00$$

Agora, vamos calcular as variações das taxas:

Após conclusão do lote, o setor de apontamento dos custos, levantou os seguintes dados obtidos:

- **Preço Real:** 52,00
- **Quantidade Real:** 6 metros cúbicos por cadeira
- **Mão-de- Obra:** $ 30,00
- **Tempo Padrão:** 3 horas por cadeira
- **Quantidade Produzida:** 200 cadeiras
- **Custos Indiretos:** $ 12.000,00

1. Variação de Taxa da Matéria-Prima Preço ($)

$$Variação\ de\ Preço = (Preço\ Real - Preço\ Padrão)\ x\ Quant.Real$$

$$Variação\ de\ Preço = (52,00 - 50,00)\ x\ 6,00$$

$$\mathbf{Variação\ de\ Preço = 12,00\ por\ cadeira}$$

2. Variação de Taxa da Mão de Obra Direta ($):

$$Variação\ de\ Taxa\ MOD\ (VT) = (TR - TP)\ x\ HR$$

$$Variação\ de\ Taxa\ MOD\ (VT) = (30,00 - 20,00)\ x\ 3\ horas$$

$$\mathbf{Variação\ de\ Taxa\ MOD\ (VT) = \$\ 30,00\ \textit{por cadeira}}$$

3. Variação de Taxa do CIF:

$$CIF\ Real = \frac{12.000,00}{200} = 60,00\ por\ cadeira$$

$$Variação\ da\ Taxa\ do\ CIF = (CIF\ Real - CIF\ Padrão)\ x\ Qtde\ Real$$

$$Variação\ da\ Taxa\ do\ CIF = (60,00 - 50,00)\ x\ 200$$

$$\mathbf{Variação\ da\ Taxa\ do\ CIF = 2.000,00}$$

Agora, vamos calcular as Taxas de Eficiência:

1. Variação da eficiência % da Matéria-Prima Preço ($):

$$Variação\ Eficiência\ MP\ Preço\ \% = \left[\left(\frac{PR}{PP}\right) - 1\right] x\ 100$$

$$Variação\ Eficiência\ \%M\ P\ Preço\ \% = \left[\left(\frac{52,00}{50,00}\right) - 1\right] x\ 100$$

$$\mathbf{Variação\ Eficiência\ \%\ MP\ Preço\ \% = 4\%\ \textit{maior do que o previsto}}$$

2. **Variação da eficiência % da Matéria-Prima Preço (quantidade unit):**

$$Variação\ Eficiência\ MP\ QTDE\ \% = \left[\left(\frac{QR}{QP}\right) - 1\right] x\ 100$$

$$Variação\ Eficiência\ \%\ MP\ QTDE\ \% = \left[\left(\frac{6,0}{5,0}\right) - 1\right] x\ 100$$

Variação Eficiência* % *MP QTDE $= 20\%$ **maior do que o previsto**

3. **Variação de Taxa de Eficiência da Mão de Obra Direta (%):**

$$Variação\ da\ Eficiência\ MOD\ \% = \left[\left(\frac{Horas\ Reais}{Horas\ Padrão}\right) - 1\right] x100$$

$$Variação\ da\ Eficiência\ MOD\ \% = \left[\left(\frac{30}{20}\right) - 1\right] x100$$

Variação da Eficiência MOD $\% = 50\%$ ***maior do que o previsto***

4. **Variação de Taxa de Eficiência do CIF %:**

$$Variação\ da\ Eficiência\ CIF\ \% = \left[\left(\frac{Cif\ Real}{Cif\ Padrão}\right) - 1\right] x\ 100$$

$$Variação\ da\ Eficiência\ CIF\ \% = \left[\left(\frac{60,00}{50,00}\right) - 1\right] x\ 100$$

Variação da Eficiência CIF $\% = 50\%$ ***maior do que o previsto***

8.2.3   Vantagens e Desvantagens do Método

- **Vantagens**

Planejamento Financeiro: Facilita o planejamento financeiro ao estabelecer metas de custos para produtos ou serviços, ajudando na previsão de despesas futuras.

Controle de Custos: Permite o acompanhamento preciso dos custos ao comparar os custos reais com os custos padrão, facilitando a identificação de desvios e a implementação de medidas corretivas.

Avaliação de Desempenho: Proporciona uma base objetiva para avaliar o desempenho da empresa, dos departamentos e dos funcionários, possibilitando a identificação de áreas de eficiência e ineficiência.

Tomada de Decisão: Fornece dados confiáveis para embasar decisões estratégicas relacionadas a preços, produção, investimentos e outras áreas cruciais para o sucesso do negócio.

Incentivo à Eficiência: Estabelece padrões de desempenho que incentivam os funcionários a trabalharem de forma mais eficiente e a

buscar constantemente a redução de custos.

- **Desvantagens**

Complexidade na Determinação dos Padrões: Estabelecer padrões precisos para materiais, mão de obra e custos indiretos pode ser desafiador e requer uma análise detalhada dos processos produtivos e dos custos envolvidos.

Rigidez: Os padrões estabelecidos podem ser inflexíveis e não se ajustarem às mudanças nas condições de mercado, tecnologias ou práticas de produção, levando a variações significativas entre custos padrão e custos reais.

Custos de Implementação: A implementação e manutenção de um sistema de custeio padrão podem exigir investimentos significativos em tecnologia, treinamento de pessoal e monitoramento dos processos, aumentando os custos operacionais.

Viés Favorável: Gestores podem ser tentados a estabelecer padrões de custos otimistas para alcançar metas mais facilmente, o que pode distorcer a análise do desempenho e levar a decisões inadequadas.

Falta de Precisão: Os custos padrão são estimativas e podem não refletir com precisão as condições reais de produção, especialmente em ambientes voláteis ou com alta variabilidade nos processos.

8.3   Custeio Variável ou Direto

Este método apropria somente os custos variáveis à produção de determinado período. Nesse método, os custos fixos são tratados como despesas do período e não são incluídos no cálculo do custo dos produtos. Isso significa que somente os custos que variam diretamente com o volume de produção, como matéria-prima e mão de obra direta, são considerados na determinação do custo unitário do produto.

Expressão matemática para o cálculo do custo por este método:

$$Custo\ do\ Produto = Custo\ Variável\ Unitário$$

Exemplo:

Suponha que uma fábrica de bicicletas produza 500 bicicletas durante um mês. O custo variável unitário por bicicleta, incluindo matéria-prima e mão de obra direta, é de $100,00. Para calcular o custo total das bicicletas usando o método de custeio variável:

$$Custo\ do\ Produto = Custo\ Variável\ Unitário$$
$$Custo\ do\ Produto = 100,00$$

8.3.1   Vantagens e Desvantagens do Método

* **Vantagens**

Simplicidade: É um método simples de entender e aplicar, pois exclui os custos fixos do cálculo do custo do produto.

Análise de Lucratividade: Permite uma melhor análise da margem de contribuição de cada produto, facilitando a identificação dos produtos mais lucrativos.

Tomada de Decisão: Facilita a tomada de decisões operacionais, fornecendo informações claras sobre os custos variáveis associados à produção.

- **Desvantagens**

Subestimação dos Custos Fixos: Pode levar à subestimação da importância dos custos fixos na estrutura de custos da empresa, já que esses custos não são considerados no cálculo do custo do produto.

Relatórios Financeiros Distorcidos: Pode resultar em relatórios financeiros distorcidos, pois os custos fixos são tratados como despesas do período e não são atribuídos aos produtos.Não fornece uma visão completa dos custos totais da empresa, dificultando a análise de rentabilidade e a determinação do preço de venda adequado.

RECAPITULANDO

- O método de Custeio por Absorção tem como princípio, apropriar todos os custos, sejam eles fixos ou variáveis, à produção de determinado período.

- O método de Custeio Variável ou Direto, apropria somente os custos variáveis à produção de determinado período. Os custos fixos são considerados débitos de conta de resultados.

- No método pelo Custo-Padrão, os custos são apropriados estimando o quanto deveriam ser e não pelo seu valor real, sendo estabelecido pela empresa como meta para seus produtos considerando suas características, quantidade e preços dos insumos.

9   Sistemas Contemporâneos de Custeio

Métodos contemporâneos de custeio são abordagens mais recentes e sofisticadas na contabilidade de custos, desenvolvidas para fornecer uma visão mais precisa e abrangente dos custos envolvidos na produção de bens ou serviços. Esses métodos procuram superar algumas limitações dos métodos tradicionais de custeio, como o custeio por absorção e o custeio variável, e fornecer informações mais úteis para a gestão e tomada de decisões nas organizações. Alguns exemplos de métodos contemporâneos de custeio incluem:

9.1   Método dos Centros de Custos ou RKW

O **Método dos Centros de Custos**, também conhecido como **Método RKW (Reichskuratorium Für Wirtschaftlichkeit)**, é uma abordagem de contabilidade de custos que se concentra na atribuição dos custos indiretos aos produtos por meio da alocação dos custos para centros de custos específicos dentro da organização. Esse método recebe o nome **RKW** em referência à organização alemã **Reichskuratorium Für Wirtschaftlichkeit**, que desenvolveu e promoveu sua aplicação.

No Método dos Centros de Custos, os custos indiretos são acumulados em centros de custos que representam diferentes áreas funcionais, departamentos ou processos dentro da empresa. Cada centro de custo é responsável por agrupar e contabilizar os custos relacionados às atividades que ocorrem nessa área específica.

Uma vez que os custos são acumulados nos centros de custos, eles são distribuídos ou rateados para os produtos ou serviços com base em critérios específicos, como horas de trabalho, uso de equipamentos, área ocupada ou qualquer outro fator relevante para a geração desses custos. Isso permite uma alocação mais precisa dos custos indiretos aos produtos, o que ajuda na tomada de decisões gerenciais e na avaliação do desempenho financeiro da empresa.

No método RKW (Reichskuratorium Für Wirtschaftlichkeit), os centros de custos são divididos em duas categorias principais:

Centros de Custos Diretos ou de Produção (Kostenstellen für Fertigung): São os centros de custos relacionados diretamente à produção de bens ou serviços. Eles englobam as áreas onde ocorrem os processos de fabricação ou prestação de serviços. **Exemplos incluem departamentos de produção, linhas de montagem, setores de manufatura, entre outros.**

Centros de Custos de Apoio ou Indiretos ou Administrativos (Kostenstellen für Verwaltung): São os centros de custos relacionados às atividades administrativas e de suporte da empresa. **Eles abrangem áreas como contabilidade, recursos humanos, financeiro, marketing, estoques, manutenção, entre outros**. Esses centros de custos não estão diretamente ligados à produção ou distribuição, mas desempenham um papel fundamental no suporte às operações da empresa.

Essa divisão em duas categorias permite uma melhor compreensão e controle dos custos em diferentes áreas da organização, facilitando a gestão e tomada de decisões. Cada centro de custo é responsável por acumular e registrar os custos associados às suas atividades específicas, contribuindo para a análise e o controle dos gastos em toda a empresa.

O RKW é um sistema que opera em duas fases, sendo a primeira, a divisão da empresa em centros de custos, que são definidos pela forma de organização, localização e homogeneidade (quanto mais homogêneo, melhor a distribuição). Nesta primeira fase, através de critérios de rateio, são alocados os custos aos centros definidos e na segunda fase são alocados os custos dos centros para os produtos.

9.1.1   Bases de Rateio

Os custos são distribuídos em duas bases de rateio: bases de **rateio primárias**, dos custos para os centros de custos e bases de **rateio**

secundário, dos centros chamados de apoio (vendas, auxiliares e administrativos) para os centros produtivos.

A base de **rateio primária** no método **RKW** refere-se aos critérios utilizados para alocar os custos indiretos aos centros de custos. Esses critérios são escolhidos com base na natureza das atividades e na forma como os custos indiretos estão relacionados às operações da empresa. A base de rateio primária é fundamental para garantir uma alocação justa e precisa dos custos indiretos aos centros de custos correspondentes.

As bases de rateio primárias mais utilizadas, segundo BORNIA (1999), são:

Aluguéis	base de rateio: área
Depreciação	base de rateio: valor dos equipamentos
Materiais de Consumo	base de rateio: requisições
Energia Elétrica	base de rateio: potência instalada

A escolha da base de rateio primária depende das características específicas das operações da empresa e da natureza dos custos indiretos a serem alocados. Uma base de rateio adequada deve refletir de forma precisa e justa a maneira como os custos indiretos estão relacionados às atividades dos centros de custos.

Algumas bases de rateio secundárias mais utilizadas, segundo BORNIA (1999), são:

Compras	base de rateio: requisições
Manutenção	base de rateio: Ordens de manutenção
Recursos Humanos	base de rateio: número de funcionários

A sequência lógica para o rateio dos custos é:

1º) Dividir a empresa em centros de custos e distribuir os custos através de rateio para os centros de custos (base de rateio primária);

2º) Distribuir o custo dos centros chamados de apoio (vendas, auxiliares e administrativos) para os centros produtivos (base de rateio secundária);

3º) Alocar os custos dos centros aos produtos.

Os custos distribuídos são lançados em uma matriz denominada **MATRIZ RKW.** Esta matriz é uma ferramenta de análise e controle de custos que faz parte do método RKW. Essa matriz é uma representação tabular que organiza os custos indiretos de uma empresa de acordo com os centros de custos e as bases de rateio.

A matriz RKW permite uma visualização clara da distribuição dos custos indiretos entre os diferentes centros de custos da empresa e das bases de rateio utilizadas para essa alocação. Isso facilita o acompanhamento e análise dos custos, possibilitando identificar áreas de maior ou menor incidência de despesas, bem como avaliar a eficiência e eficácia na utilização dos recursos.

Além disso, a matriz RKW é uma ferramenta importante para o processo de tomada de decisão, pois fornece informações precisas sobre os custos associados a cada centro de custo, auxiliando na identificação de oportunidades de redução de despesas e na alocação eficiente dos recursos disponíveis.

Matriz RKW

Itens de Custos	Valor R$	Bases de Rateio	Centros Adm. e de Apoio	Centro Produtivos

Rateio Secundário →

Totais

Fonte: Adaptada de Bornia, Custos Industriais, UFSC, 1999

9.1.2 Etapas do Rateio

As principais etapas desse método são:

1º) Separação dos custos: Essa separação pode envolver custos diretos, como matéria-prima e mão de obra, que são facilmente atribuídos a um item específico, e custos indiretos, como despesas administrativas e depreciação, que exigem métodos de rateio para serem alocados de forma precisa.

2º) Divisão da empresa em centros de custos: Cada centro de custo representa uma unidade operacional ou funcional da empresa, como produção, vendas, administração, entre outros. Essa divisão permite que os gestores acompanhem de perto os custos associados a cada área.

3º) Identificação dos custos com os centros (distribuição primária): Definir critérios de alocação, de forma a obter a melhor representação do uso dos recursos, como os custos são os valores dos insumos utilizados, a distribuição dos custos deve respeitar o consumo desses insumos aos centros e o centro que usou certo recurso deve arcar com os custos correspondentes.

4º) Distribuição dos custos dos centros indiretos até os diretos (distribuição secundária): Definir critérios de alocação, de forma a obter a melhor representação do uso dos recursos, como os custos são os valores dos insumos utilizados, a distribuição dos custos deve respeitar o consumo desses insumos aos

5º) Distribuição dos custos diretos aos produtos (distribuição final): O critério é uma unidade de medida do trabalho do centro direto. Essa medida deve representar o esforço dedicado a cada produto.

Exemplo:

A empresa DR aplica o método dos centros de custos para o cálculo e controle de seus custos de transformação, sendo dividida em 3 centros: administração geral, usinagem e frezagem. A administração é um centro muito amplo, pois realiza um número muito grande de atividades distintas, mas o trabalho principal está relacionado com a administração de pessoal. A usinagem está relacionada com a fabricação dos itens que serão montados na frezagem, sendo que ambos os centros também têm capacidade de 200 horas por mês. Os itens de custos estão separados em salários, energia elétrica, seguro e materiais de consumo. No mês de julho, os custos variáveis de vendas totalizaram 15%, os custos variáveis de produção que não foram passiveis de rateio totalizaram 5% e os custos de transformação totalizaram $71.000,00 sendo divididos da seguinte forma:

- Salários Administração: $ 8.000,00

- Salários Usinagem: $ 25.000,00

- Salários Frezagem: $ 18.000,00

- Materiais Auxiliares: $ 9.000,00

- Seguro: $ 5.000,00

- Energia elétrica: $ 6.000,00

A empresa fabrica dois produtos (P1 e P2), os quais passam por dois processos, usinagem e pela Frezagem com os seguintes tempos padrões e respectivas matérias-primas:

Produto	Tempo usinagem (min/un)	Tempo Frezagem (min/un)	Custo Matéria-Prima ($)
P1	54 min	30 min	97,00
P2	27 min	72 min	58,00

No mês em exercício, o setor de custos da empresa DR levantou os seguintes dados:

Dados	CENTROS DE CUSTOS		
	Administração	Usinagem	Frezagem
Potência instalada (Kw)	200	400	500
Area(m2)	800	6.000	3.200
Materiais Auxiliares (RM)	0	50	20
Salários ($)	8.000,00	25.000,00	18.000,00
Nº de empregados	10	35	25

Itens de Custo	Valor ($)	Direcionador	Administração	Usinagem	Frezagem
Salários	51.000,00	Funcionarios	10	35	25
Energia Eletrica	6.000,00	Potencia Instalada	200 kw	400 kw	500 kw
Seguro	5.000,00	Metros Quadrados	800 m2	6000 m2	3200 m2
Materiais Auxiliares	9.000,00	Nº Requisições	0	50	20

9.1.3   Calculando o Custo dos Produto

9.1.3.1 Rateio Primário

- **Cálculo dos Custos por Seção**

Energia Elétrica (KW/H)

- **Custo com Energia Elétrica:** 6.000,00

  - $\sum$ **Consumo Energia nas Seções:** 200 kw Adm. + 500 Kw Frezagem + 400 kw Usinagem = 1.100 kw

$$Energia\ Eletrica = \frac{Custo\ com\ Energia\ mês}{\sum Consumo\ Energia\ Seções}$$

$$Energia\ Elétrica = \frac{6.000,00}{1.100\,\frac{kw}{h}}$$

$$Energia\ Elétrica = \$\,5,45\,\frac{kw}{h}$$

Rateio da Energia Elétrica nas Seções:

- Custo da Energia na Administração=200 kw x 5,45 = **\$ 1.090,00**

- Custo da Energia na Usinagem=400 kw x 5,45 = **\$ 2.180,00**

- Custo da Energia na Frezagem=500 kw x 5,45 = **\$ 2.725,00**

Seguro (m2)

Custo com Seguro: 5.000,00

$\sum$ **M2 das Seções:** 800 m2 Adm. + 3.200 m2 Frezagem + 6.000 m2 Usinagem = 10.000 m2

$$Seguro = \frac{Custo\ com\ Seguro\ m\hat{e}s}{\sum M2\ das\ Se\varsigma\tilde{o}es}$$

$$Seguro = \frac{5.000,00}{10.000\ m2}$$

$$Seguro = \$\ \mathbf{0,50\ por\ m2}$$

Rateio do Seguro nas Seções:

- Custo do Seguro na Administração=800 m2 x 0,50 = **$ 400,00**

- Custo do Seguro na Usinagem=6.000 m2 x 0,50 = **$ 3.000,00**

- Custo do Seguro na Frezagem=3.200 m2 x 0,50 = **$ 1.600,00**

Material Auxiliar (nº Requisição de Materiais)

- **Custo com Material Auxiliar:** 9.000,00

$\sum$ **Requisições das Seções:** 0 Requisições na Adm. + 20 Requisições na Frezagem + 50 Requisições na Usinagem = 70 Requisições de Materiais (RM)

$$Material\ Auxiliar = \frac{Custo\ com\ Material\ Auxiliar}{\sum N^{\underline{o}}\ Requisi\varsigma\tilde{o}es}$$

$$Materaial\ Auxiliar = \frac{9.000,00}{70}$$

$$Seguro = \$\ \mathbf{128,67\ por\ RM}$$

Rateio do Material Auxiliar nas Seções:

- **Custo do Material Aux.na Administração**=0 RM x 128,67 = $ 0,00

- **Custo do Material Aux.na Usinagem**=50 RMx 128,67 = $ 6.428,50

- **Custo do Material Aux. Frezagem**=20 RM x 0,50 = $ 2.573,40

Desenvolvendo a Matriz RKW

Nesta fase, elaboramos a Matriz RKW, na qual são registradas as bases de rateio, os custos distribuídos por Centro de Custo e a soma desses custos (Rateio Primário). Em seguida, realizamos o Rateio Secundário, no qual alocamos os custos dos Centros de Custo de apoio para os Centros de Custo de produção, tendo como critério de rateio o número total de funcionários dos Centros de Custo de produção.

Os valores do rateio secundários devem ser somados ao total de custos dos Centros, conforme exemplificado abaixo:

MATRIZ RKW			CENTROS DE CUSTO		
CUSTOS/DIRECIONADORES	Valor $	Bases de Rateio	Administração	Usinagem	Frezagem
Salários	51.000,00	Func	10 F	35 F	25 F
			R$ 8.000,00	R$25.000,00	R$18.000,00
Energia Eletrica	6.000,00	Potência Instalada	200 kw	400 kw	500 kw
			R$ 1.090,00	R$ 2.180,00	R$ 2.725,00
Seguro	5.000,00	M2	800 m2	6000 m2	3200 m2
			R$ 400,00	R$ 3.000,00	R$ 1.600,00
Material Auxiliar	9.000,00	Nº Requisições	0 RM	50 RM	20 RM
			R$ -	R$ 6.428,50	R$ 2.573,40
		Σ Rateio Primário	R$ 9.490,00	R$ 36.608,50	R$ 24.898,40
		Rateio Secundário		R$ 5.535,83	R$ 3.954,17
		Σ TOTAL		R$ 42.144,33	R$ 28.852,57

Somatória do Rateio Primário por Centros de Custo:

Centro de Custo Administração

$$Administração = Salário + Energ\ Elét. + Seguro + Mat. Auxiliar$$

$$Administração = 8.000,00 + 1.090,00 + 400,00 + 0$$

$$Administração = \$ 9.490,00$$

Centro de Custo Usinagem

$$Usinagem = Salário + Energ. Elét. + Seguro + Mat. Auxiliar$$

$$Usinagem = 25.000,00 + 2.180,00 + 3.000,00 + 6.428,50$$

$$\boldsymbol{Usinagem = \$\,36.608,50}$$

Centro de Custo Frezagem

$$\boldsymbol{Frezagem = Salário + Energ.\,Elét. + Seguro + Mat.\,Auxiliar}$$

$$Frezagem = 18.000,00 + 2.725,00 + 1.600,00 + 2.573,00$$

$$\boldsymbol{Frezagem = \$\,24.898,40}$$

9.1.3.1   Rateio Secundário

O Método de Custeio RKW parte do princípio de que os custos das Centros de Apoio, por não estarem diretamente envolvidos na transformação do produto fabricado, devem ser distribuídos para as Centros de Produção responsáveis por essa transformação. O critério para essa distribuição é o total de funcionários dos Centros de Produção, como ilustrado a seguir:

- **Custo do Centro de Apoio Administração** = $ 9.490,00

- **Soma dos Funcionários dos Centros de Produção** = 35 funcionários da Centro de Usinagem + 25 funcionários da Centro de Frezagem = **60 funcionários**

$$\boldsymbol{Índice\ de\ Rateio = \frac{\sum Rateio\ Primário\ das\ Centros\ de\ Apoio}{\sum Funcionários\ das\ Centros\ de\ Produção}}$$

$$Índice\ de\ Rateio = \frac{9.490,00\ (ADM)}{\sum 35\ Func.Usinagem + 35\ Func.da\ Frezagem}$$

$$\boldsymbol{Índice\ de\ Rateio = \$\,158,17\ por\ funcionário}$$

Centro de Usinagem

$$\boldsymbol{Centro\ de\ Produção = Indice\ de\ Rateio\ x\ N^{\underline{o}}\ Func.\,do\ Centro}$$

$$Centro\ de\ Usinagem = 158{,}17 \times 35\ funcionários$$

$$Centro\ de\ Usinagem = \$\ 5.535{,}83$$

Centro de Frezagem

$$Centro\ de\ Produção = Indice\ de\ Rateio\ x\ N^{\underline{o}}\ Func.\ do\ Centro$$

$$Centro\ de\ Frezagem = 158{,}17 \times 25\ funcionários$$

$$Centro\ de\ Frezagem = \$\ 3.954{,}17$$

Os valores resultantes do Rateio Secundário são adicionados aos custos dos Centros de Custo de Produção, finalizando assim a elaboração da Matriz RKW, como demonstrado na Matriz RKW.

$$Custo\ Total\ do\ CP = \$\ Total\ do\ Centro + \$\ Rateio\ Secundário.$$

Onde:

- **CP** é o centro de produção

$$Centro\ de\ Usinagem = 36.608{,}50 + 5.535{,}83 = \$\ 42.144{,}33$$

$$Centro\ de\ Frezagem = 24.898{,}40 + 3.954{,}17 = \$\ 28.852{,}57$$

Os valores totais obtidos, serão distribuídos entre os custos dos produtos, conforme exemplificado a seguir:

9.1.3.2 Calculando o Fator de Custo (custo minuto) dos Centros de Custos de Produção

Centro de Usinagem

Custo Total do Centro: $ 42.144,33
Total de Horas Trabalhadas no Centro: 200 horas
Total de Funcionários do Centro: 35 funcionários

$$\text{Fator de Custo Usin} = \frac{\text{Custo Total Centro}}{\text{Nº de Func. do Centro x Horas Trab. x 60 min}}$$

$$\text{Custo min. Centro Usinagem} = \frac{42.144,33}{35 \; x \; 200 \; x \; 60}$$

$$\text{Fator de Custo da Usinagem} = \$\,0,010 \; por \; minuto$$

Centro de Frezagem

Custo Total do Centro: $ 28.852,57
Total de Horas Trabalhadas no Centro: 200 horas
Total de Funcionários do Centro: 25 funcionários

$$\text{Fator de Custo Usin} = \frac{\text{Custo Total Centro}}{\text{Nº de Func. do Centro x Horas Trab. x 60 min}}$$

$$\text{Fator de Custo da Frezagem} = \frac{28.852,57}{25 \; x \; 200 \; x \; 60}$$

$$\text{Fator de Custo da Frezagem} = \$\,0,096 \; por \; minuto$$

9.1.3.3 Calculando o Custo RKW dos Produtos P1 e P2

O critério utilizado para o cálculo do Custo RKW dos itens fabricados é o tempo de processo do item em cada centro de custo, multiplicado pelo custo minuto do centro.

PRODUTO	TEMPO PROCESSO	
	USINAGEM	FREZAGEM
P1	54 min	30 min
P2	27 min	72 min

Para o cálculo custo do item, aplica-se a seguinte fórmula:

$$\text{Custo RKW do Item} = \sum_{i=1}^{n} (\text{ Fator de Custo}_i \; x \; \text{ Base de Rateio}_i$$

Onde:

- i é o índice que percorre todos os centros de custo envolvidos no cálculo.

- n representa o número total de centros de custo.
- **Fator de Custo$_i$** é o custo associado ao i-ésimo centro de custo
- **Base de Rateio$_i$** é a medida utilizada para alocar os custos do *i-ésimo* centro de custo ao item.

Calculando o Custo RKW do Produto P1

$$Custo\ RKW\ do\ Item = \sum_{i=1}^{n} (\ Fator\ de\ Custo_i\ x\ Base\ de\ Rateio_i$$

$$Custo\ RkW\ P1 = (54\ x\ 0,10) + (30x\ 0,096)$$

$$Custo\ RkW\ P1 = \$\ 8,37$$

Calculando o Custo RKW do Produto P2

$$Custo\ RKW\ do\ Item = \sum_{i=1}^{n} (\ Fator\ de\ Custo_i\ x\ Base\ de\ Rateio_i$$

$$Custo\ RkW\ P2 = (27\ x\ 0,10) + (72x\ 0,096)$$

$$Custo\ RkW\ P2 = \$\ 9,61$$

9.1.3.4 Calculando o Custo Total dos Produtos P1 e P2

No cálculo do Custo Total dos Itens, são considerados diversos elementos-chave. Primeiramente, são contabilizados o custo com matéria-prima utilizada na fabricação dos itens, refletindo diretamente o custo dos insumos necessários para a produção. Em seguida, são levados em conta os Custos Variáveis de Vendas em percentual, obtidos a partir do Demonstrativo de Resultados do Exercício (DRE) do período em análise, representando os custos associados diretamente à comercialização dos produtos. Além disso, os Custos Variáveis de Produção, que por falta de parâmetros específicos não puderam ser apropriados diretamente, são apropriados em base percentual, obtidos a partir do Demonstrativo de Resultados do Exercício (DRE) do período em análise e por fim o Custo RKW do item, aplicando a seguinte fórmula:

$$Custo\ do\ Produto = \frac{MP + Custo\ RKW}{\dfrac{100 - (CVV\,\% + CVP\,\%\ não\ apropriado)}{100}}$$

Onde:

- **MP é a matéria-prima utilizada na fabricação do produto.**
- **Custo RKW** é o custo RKW calculado do produto.
- **CVV %** é o custo variável de vendas em percentual levantado no DRE
- **CVP% não apropriado** é o custo variável de vendas em percentual levantado no DRE que não foi possível definir direcionador de rateio

Calculando o Custo Total do Produto P1

- Matéria-prima P1: $ 97,00
- Custo Variável de Vendas (DRE): 15%
- Custo Variável de Produção (DRE) não passível de rateio: 5%
- Custo RKW P1: $ 8,37

$$Custo\ do\ Produto = \frac{MP + Custo\ RKW\ P1}{\dfrac{100 - (CVV\,\% + CVP\,\%\ não\ apropriado)}{100}}$$

$$Custo\ Total\ do\ P1 = \frac{97,00 + 8,37}{\dfrac{100 - (15 + 5)}{100}}$$

$$Custo\ Total\ do\ P1 = \$\ 131,71$$

Calculando o Custo Total do Produto P2

- Matéria-prima P2: $ 58,00
- Custo Variável de Vendas (DRE): 15%
- Custo Variável de Produção (DRE) não passível de rateio: 5%
- Custo RKW P2: $ 9,61

$$Custo\ do\ Produto = \frac{MP + Custo\ RKW\ P2}{\dfrac{100 - (CVV\ \% + CVP\ \%\ não\ apropriado)}{100}}$$

$$Custo\ Total\ do\ P2 = \frac{58,00 + 9,61}{\dfrac{100 - (15 + 5)}{100}}$$

$$Custo\ Total\ do\ P2 = \$\ 84,51$$

9.1.4   Vantagens e Desvantagens do Método

- **Vantagens**

Alocação precisa de custos: O RKW permite uma alocação precisa de custos aos centros de custo, o que ajuda na identificação de áreas de eficiência e ineficiência dentro da empresa.

Controle de custos: Ao dividir os custos em centros específicos, o RKW facilita o controle e monitoramento dos gastos em cada área da organização.

Facilidade de compreensão: O método RKW é relativamente simples de entender e implementar, tornando-o acessível mesmo para empresas de menor porte.

Tomada de decisão embasada em dados: Com uma alocação clara de custos, os gestores podem tomar decisões mais embasadas e estratégicas para melhorar a eficiência operacional.

- **Desvantagens:**

Complexidade na implementação inicial: Apesar de ser relativamente simples de entender, a implementação do RKW pode ser complexa, especialmente para empresas com estruturas organizacionais intricadas.

Dependência de dados precisos: O método requer dados precisos e atualizados sobre os custos e atividades da empresa. Se essas informações não estiverem disponíveis ou forem imprecisas, a precisão das alocações de custos pode ser comprometida.

Possíveis distorções: Se as bases de rateio utilizadas no método não refletirem com precisão o consumo de recursos pelos centros de custo, pode haver distorções na alocação de custos, levando a decisões equivocadas.

Rigidez: O RKW pode ser visto como um método rígido, pois não oferece muita flexibilidade na alocação de custos, o que pode ser problemático em ambientes de negócios dinâmicos e em constante mudança.

9.2   Método de Custeio pela Margem de Contribuição

O método de custeio pela margem de contribuição é uma abordagem analítica de custos que se concentra na diferenciação entre os custos fixos e variáveis de uma empresa. Por meio desse método, os gestores podem entender melhor como os custos afetam a rentabilidade de cada produto ou serviço oferecido pela organização. Ao contrário de outros métodos tradicionais de custeio, que distribuem os custos de forma uniforme entre os produtos, a margem de contribuição destaca o quanto cada unidade vendida contribui para cobrir os custos fixos e gerar lucro.

A essência do método de margem de contribuição reside na distinção entre custos variáveis, que variam de acordo com o nível de produção ou vendas, e custos fixos, que permanecem constantes independentemente do volume de atividade. Essa abordagem permite que os gestores tomem decisões mais estratégicas, como determinar os preços de venda ideais, identificar produtos ou linhas de negócios mais lucrativos e avaliar a viabilidade de introduzir novos produtos no mercado. Em resumo, o custeio pela margem de contribuição proporciona uma visão mais clara e orientada para resultados sobre a estrutura de custos de uma empresa e sua capacidade de gerar lucros.

O Sistema de Custeio pela Margem de Contribuição se apóia em duas fontes de informação: O Demonstrativo de Resultados do Exercício e a Ficha Técnica do Produto: o Demonstrativo de Resultados do Exercício informa os custos ocorridos no período e a Margem de

Contribuição que servirá, conforme a metodologia deste sistema, como critério de rateio dos Custos Fixos e a Ficha Técnica do Produto aponta a matéria-prima utilizada na fabricação do item produzido e comercializado pela empresa no período.

O método de custeio pela **Margem de Contribuição** segue o princípio de que o item de maior contribuição tem maior capacidade de assimilar e diluir o custo fixo da empresa nos seus produtos.

Exemplo:

A empresa ABC é uma indústria que produz 3 modelos de relógio. Ela está interessada em calcular os custos dos seus produtos pelo Método da Margem de Contribuição, para isso, a empresa precisará do DRE para analisar seus custos variáveis e fixos relacionados à produção das cadeiras.

O setor de Custos levantou os seguintes dados do mês em exercício:

PROD.	QTDE VENIDA	PREÇO	MAT. PRIMA
RELÓGIO MOD I	114	R$ 2.000,00	R$ 800,00
RELÓGIO MOD II	95	R$ 2.300,00	R$ 990,00
RELÓGIO MOD III	78	R$ 3.250,00	R$ 2.000,00

(*) Os dados referentes a matéria-prima de cada item, foram obtidos da Ficha Técnica.

DEMONSTRATIVO RESULTADOS DO EXERCICIO			
DISCRIMINAÇÃO	VALOR R$		%
1. Receita Total	R$	700.000,00	100%
2. Custos Variáveis de Produção	R$	363.000,00	51,9%
Matéria-Prima	R$	300.000,00	42,9%
Custos Indiretos de Fabricação	R$	40.000,00	5,7%
Manutenção Corretiva de Maquinas e Equipamentos	R$	12.000,00	1,7%
Fretes sobre Compras	R$	3.000,00	0,4%
Energia Eletrica da Fabrica	R$	8.000,00	1,1%
2. Custos Variáveis de Vendas	R$	117.000,00	16,7%
Impostos sobre as Vendas	R$	70.000,00	10,0%
Frete sobre Vendas	R$	35.000,00	5,0%
Comissão sobre vendas	R$	12.000,00	1,7%
3. Custos Variáveis Totais	R$	480.000,00	68,6%
4. Margem de Contribuição	R$	220.000,00	31,4%
5. Custos Fixos Totais	R$	154.000,00	22,0%
Salários e Encargos	R$	100.000,00	14,3%
Seguro da Fábrica	R$	8.000,00	1,1%
Depreciação de Máquinas e Equipamentos	R$	28.000,00	4,0%
Aluguel da Fabrica	R$	18.000,00	2,6%
6. Resultado Operacional	R$	66.000,00	9,4%

9.2.1 Calculando o Custo dos Produtos

9.2.1.1 *Calculando a Margem de Contribuição Unitária em % e em unidade monetária ($) dos Itens Fabricados:*

Fórmulas de Cálculo

Margem de Contribuição unitária em unidade monetária ($):

$$MC\,unit.\,\$ = PV\,(\$)\,item - CVV\,(\$)\,unit. - CVP\,(\$)\,unit. - MP\,item$$

Onde:

- **MC unit** é a margem de contribuição unitária do item
- **PV item** é o preço de venda do item

- **CVV unit ($)** é o custo variavel de vendas unitário do item, em unidades monetárias
- **CVP unit ($)** é o custo variavel de produção unitário do item, em unidades monetárias
- **MP** é a materia-prima utilizada para fabricar o item

$$CVV\ Unitário\ (\$) = Preço\ venda\ unit\ x\ \%\ Cvv(Dre)$$

$$CVP\ Unitário\ (\$) = Preço\ venda\ unit\ x\ \%\ Cvp(Dre)(*)$$

Deduz-se do CVP (Custo dos Produtos Vendidos) do Demonstrativo de Resultado do Exercício (DRE) o valor referente à Matéria-Prima. Isso se justifica pelo fato de que a matéria-prima registrada no DRE, representa o custo dos insumos utilizados na fabricação de todos os itens vendidos pela empresa.

Margem de Contribuição unitária em %:

$$MC\ unitária\ em\ \% = \left(\frac{Margem\ de\ Cont.\ unitaria\ \$}{Preço\ de\ Venda\ (\$)} \right) x\ 100$$

Margem de Contribuição Unitária do Relógio Modelo I

- Preço de Venda (PV): **$ 1.800,00**
- Matéria-Prima: **$ 720,00**
- CVV: 16,7% (DRE) = $ 1.800,00 x 16,7% = **$ 300,60**
- CVP (*): (51,9% - 42,9% = 9%) = $ 1.800,00 x 9% = **$ 162,00**

$$MC\ unit.\ em\ \$\ \ = PV\ item - CVV\ (\$)\ unit. - CVP\ (\$)\ unit. - MP\ item$$

$$MC\ unit.\ Modelo\ I(\ \$) = 1.800,00 - 300,86 - 162,00 - 720,00$$

$$MC\ unitária\ Modelo\ I(\ \$) = \$\ 617,14$$

$$MC\ \text{unit\'aria em}\ \% = \left(\frac{\textbf{Margem de Cont. unitaria \$}}{\textbf{Pre\c{c}o de Venda (\$)}} \right) x\ \textbf{100}$$

$$MC\ \text{unit\'aria Modelo I}\ (\%) = \left(\frac{617{,}14}{1.800{,}00} \right) x\ 100$$

$$\textbf{MC unit\'aria Modelo I}\ (\%) = \textbf{34,29\%}$$

Margem de Contribuiçao Unitária do Relógio Modelo II

- Preço de Venda (PV): **\$ 2.460,00**
- Matéria-Prima: **\$ 960,00**
- CVV: 16,7% (DRE) = \$ 2.460,00 x 16,7% = \$ 411,17
- CVP (*): (51,9% - 42,9% = 9%) = \$ 2.400,00 x 9% = \$ 221,40

$$\textbf{MC unit. em \$}\ = \textbf{PV item} - \textbf{CVV (\$) unit.} - \textbf{CVP (\$) unit.} - \textbf{MP item}$$

$$MC\ \text{unit. Modelo II(\$)} = 2.400{,}00 - 411{,}17 - 221{,}40 - 960{,}00$$

$$\textbf{MC unit\'aria Modelo II(\$)} = \textbf{\$ 867,43}$$

$$MC\ \text{unit\'aria em}\ \% = \left(\frac{\textbf{Margem de Cont. unitaria \$}}{\textbf{Pre\c{c}o de Venda (\$)}} \right) x\ \textbf{100}$$

$$MC\ \text{unit\'aria Modelo II}\ (\%) = \left(\frac{867{,}43}{2.400{,}00} \right) x\ 100$$

$$\textbf{MC unit\'aria Modelo II}\ (\%) = \textbf{35,26\%}$$

Margem de Contribuiçao Unitária do Relógio Modelo III

- Preço de Venda (PV): **\$ 3.185,00**
- Matéria-Prima: **\$ 1.630,00**
- CVV: 16,7% (DRE) = \$ 3.185,00 x 16,7% = **\$ 532,35**

- CVP (*): (51,9% - 42,9% = 9%) = \$ 3.185,00 x 9% = **\$ 286,65**

$$MC\ unit.\ em\ \$\ \ = PV\ item - CVV\ (\$)\ unit. - CVP\ (\$)\ unit. - MP\ item$$

$$MC\ unitária\ Modelo\ III(\$) = 3.185,00 - 532,35 - 286,65 - 1.630,00$$

$$MC\ unitária\ Modelo\ III(\$) = \$\ 736,00$$

$$MC\ unitária\ em\ \% = \left(\frac{Margem\ de\ Cont.\ unitaria\ \$}{Preço\ de\ Venda\ (\$)}\right)x\ 100$$

$$MC\ unitária\ Modelo\ III\ (\%) = \left(\frac{736,00}{3.185,00}\right)x\ 100$$

$$MC\ unitária\ Modelo\ III\ (\%) = 23,11\%$$

Analisando as Margens de Contribuição Unitárias obtidas, constatamos que o Relógio Modelo II apresenta a melhor relação Preço/Custo. Ao vender este produto, a empresa retém **35,26%** do seu preço de vendas disponível para fazer frente aos Custos Fixos e remunerar o capital. Em seguida, vem o Relógio Modelo I e, por último, o Relógio Modelo III.

9.2.1.2 Calculando a Margem de Contribuição Total em % e em unidade monetária (\$) dos Itens Fabricados:

Fórmulas de Cálculo

Margem de Contribuição total em unidade monetária (\$):

$$MC\ total\ do\ item\ (\$)\ = MC\ unitária\ (\$)x\ Quantidade\ Vendida$$

Margem de Contribuição Total em %:

$$MC\ unit.\ (\$) = \left(\frac{MC\ total\ do\ Item\ \$}{\sum MC\ total\ dos\ Itens\ \$} \right) x\ 100$$

Margem de Contribuição Total ($) do Relógio Modelo I

- Margem de Contribuição Unitária: $ 617,14
- Quantidade Vendida: 98 unidades

$$MC\ total\ do\ item\ (\$) = MC\ unitária\ (\$)x\ Quantidade\ Vendida$$

$$MC\ total\ do\ Modelo\ I\ \$ = 617,14\ x\ 98$$

$$MC\ total\ do\ Modelo\ I\ \$ = \$\ 60.480,00$$

Margem de Contribuição Total ($) do Relógio Modelo II

- Margem de Contribuição Unitária: $ 867,43
- Quantidade Vendida: 80 unidades

$$MC\ total\ do\ item\ (\$) = MC\ unitária\ (\$)x\ Quantidade\ Vendida$$

$$MC\ total\ do\ Modelo\ II\ \$ = 867,43\ x\ 80$$

$$MC\ total\ do\ Modelo\ II\ \$ = \$\ 69.394,29$$

Margem de Contribuição Total ($) do Relógio Modelo III

- Margem de Contribuição Unitária: $ 736,00
- Quantidade Vendida: 40 unidades

$$MC\ total\ do\ item\ (\$) = MC\ unitária\ (\$)x\ Quantidade\ Vendida$$

$$MC\ total\ do\ Modelo\ III\ \$ = 736,00$$

$$MC\ total\ do\ Modelo\ III\ \$ = \$\ 29.440,00$$

Para calcular a Margem de Contribuição Total do Item em percentual, é preciso somar a Margem de Contribuição Total dos Produtos Vendidos pela empresa. Em seguida, para obter a contribuição

de cada item em relação ao total dos itens, divide-se a Margem de Contribuição Total do Item pela soma da Margem de Contribuição Total de todos os produtos.

Fórmulas de Cálculo

Margem de Contribuição Total em Unidades Monetarias

$$Margem\ de\ Contribui\varsigma\tilde{a}o\ Total\ (\$) = \sum_{i=1}^{n} MC\ total\ item_n\ (\$)$$

Onde:

- n representa o número total de itens.
- MC representa a Margem de Contribuição. Total item i
- MC Total item i representa a Margem de Contribuição Total de cada item individualmente, para i variando de 1 a n, onde n é o número total de itens.

Calculando a Margem de Contribuição Total da empresa em unidades monetárias ($):

- Margem de Contribuição Total Modelo I: $ 60.480,00
- Margem de Contribuição Total Modelo II: $ 69.394,29
- Margem de Contribuição Total Modelo III: $ 29.440,00

$$Margem\ de\ Contribui\varsigma\tilde{a}o\ Total\ (\$) = \sum_{i=1}^{n} MC\ total\ item_n\ (\$)$$

$$MC\ Total\ (\$) = 60.480,00 + 69.394,29 + 29.440,00$$

$$Margem\ de\ Contribui\varsigma\tilde{a}o\ Total\ (\$) = \$\ 159.314,29$$

Margem de Contribuição Total do item em %

$$MC.Total\ do\ Item\ em\ \% = \frac{MC\ total\ do\ Item\ (\$)}{\sum_{i=1}^{n} MC\ total\ item_n\ (\$)}\ x\ 100$$

Calculando a Margem de Contribuição Total % dos itens vendidos:

Margem de Contribuição Total (%) do Relógio Modelo I

- Margem de Contribuição Total do Item: **$ 60.480,00**
- Margem de Contribuição Total: **$ 159.314,29**

$$MC.\,Total\,do\,Item\,em\,\% = \frac{MC\,total\,do\,Item\,(\$)}{\sum_{i=1}^{n} MC\,total\,item_n\,(\$)}\,x\,100$$

$$Margem\,de\,Cont.\,Total\,Modelo\,I\,em\,\% = \left(\frac{60.480,00}{159.314,29}\right)x\,100$$

$$\boldsymbol{Margem\,de\,Cont.\,Total\,Modelo\,I\,em\,\% = 37,96\%}$$

Margem de Contribuição Total (%) do Relógio Modelo II

- Margem de Contribuição Total do Item: **$ 69.394,23**
- Margem de Contribuição Total: **$ 159.314,29**
-

$$MC.\,Total\,do\,Item\,em\,\% = \frac{MC\,total\,do\,Item\,(\$)}{\sum_{i=1}^{n} MC\,total\,item_n\,(\$)}\,x\,100$$

$$Margem\,de\,Cont.\,Total\,Modelo\,II\,em\,\% = \left(\frac{69.394,23}{159.314,29}\right)x\,100$$

$$\boldsymbol{Margem\,de\,Cont.\,Total\,Modelo\,II\,em\,\% = 43,56\%}$$

Margem de Contribuição Total (%) do Relógio Modelo III

- Margem de Contribuição Total do Item: **$ 29.440,00**
- Margem de Contribuição Total: **$ 159.314,29**

$$MC.\,Total\;do\;Item\;em\;\% = \frac{MC\;total\;do\;Item\;(\$)}{\sum_{i=1}^{n} MC\;total\;item_n\;(\$)}\;x\;100$$

$$Margem\;de\;Cont.\,Total\;Modelo\;III\;em\;\% = \left(\frac{29.440,00}{159.314,29}\right) x\;100$$

$$Margem\;de\;Cont.\,Total\;Modelo\;III\;em\;\% = 18,48\%$$

Analisando as Margens de Contribuição Totais obtidas, constatamos que o Relógio Modelo II apresenta a melhor relação Preço/Custo/Quantidade. Ao vender este volume, a empresa retém **43,56%** do seu preço de vendas disponível para fazer frente aos Custos Fixos e remunerar o capital. Em seguida, vem o Relógio Modelo I e, por último, o Relógio Modelo III.

É importante destacar que os gestores devem analisar o potencial de rentabilidade de seus produtos não apenas com base no preço de venda, mas sim na Margem de Contribuição de cada item, que leva em consideração os custos variáveis deduzidos do preço de venda. No exemplo apresentado, embora o Produto Modelo III tenha um preço de venda mais elevado, sua Margem de Contribuição foi menor, o que indica que ele contribuiu menos para cobrir os custos fixos e remunerar o capital.

9.2.1.3 Calculando o Custo Fixo Unitário dos itens

No método da margem de contribuição, quanto maior a margem de contribuição total em percentual do item, maior é a capacidade deste item de pagar os seus próprios custos e, consequentemente, os custos fixos da empresa. Portanto, o item com a maior margem de contribuição tem uma maior capacidade de contribuir para pagar os custos fixos da empresa.

Fórmula de Cálculo

$$CF\;Unit.\,do\;item = \frac{CF\;Total\;Empresa\;(\$)\;x\;CF\;Total\;do\;Item\;em\;\%}{Quantidade\;Vendida\;do\;item}$$

Calculando o Custo Fixo Unitário Relógio Modelo I

- Custo Fixo Total (DRE): **$ 145.000,00**
- Quantidade Vendida: **98 unidades**
- Custo Fixo total do item em %: **37,96%**

$$CF\ Unit.\ do\ item = \frac{CF\ Total\ Empresa\ (\$)\ x\ CF\ Total\ do\ Item\ em\ \%}{Quantidade\ Vendida\ do\ item}$$

$$Custo\ Fixo\ Unitário\ Modelo\ I = \frac{145.000,00\ x\ 37,96\%}{98}$$

$$\boldsymbol{Custo\ Fixo\ Unitário\ Modelo\ I = \$\ 596,56}$$

Calculando o Custo Fixo Unitário Relógio Modelo II

- Custo Fixo Total (DRE): **$ 145.000,00**
- Quantidade Vendida: **80 unidades**
- Custo Fixo total do item em %: **43,56%**

$$CF\ Unit.\ do\ item = \frac{CF\ Total\ Empresa\ (\$)\ x\ CF\ Total\ do\ Item\ em\ \%}{Quantidade\ Vendida\ do\ item}$$

$$Custo\ Fixo\ Unitário\ Modelo\ II = \frac{145.000,00\ x\ 43,56\%}{80}$$

$$\boldsymbol{Custo\ Fixo\ Unitário\ Modelo\ II = \$\ 838,49}$$

Calculando o Custo Fixo Unitário Relógio Modelo III

- Custo Fixo Total (DRE): **$ 145.000,00**
- Quantidade Vendida: **40 unidades**
- Custo Fixo total do item em %: **18,48%**

$$CF\ Unit.\ do\ item = \frac{CF\ Total\ Empresa\ (\$)\ x\ CF\ Total\ do\ Item\ em\ \%}{Quantidade\ Vendida\ do\ item}$$

$$Custo\ Fixo\ Unitário\ Modelo\ III = \frac{145.000,00\ x\ 18,48\%}{.40}$$

$$\textbf{Custo Fixo Unitário Modelo III} = \$\,711,45$$

9.2.1.4 Calculando o Custo Total dos itens

Fórmula de Cálculo

$$Custo\ do\ Produto = \frac{MP + Custo\ Fixo\ unitário}{\dfrac{100 - (CVV\,\% + CVP\,\%\ não\ apropriado)}{100}}$$

Onde:

- **MP** é a matéria-prima utilizada na fabricação do produto.
- **Custo Fixo Unitário** é o custo fixo unitário calculado do produto.
- **CVV %** é o custo variável de vendas em percentual levantado no DRE
- **CVP% não apropriado** é o custo variável de vendas em percentual levantado no DRE que não foi possivel definir

Calculando o Custo Total do Relógio Modelo I

- Matéria-prima: **$ 720,00**
- Custo Var. de Vendas (DRE): **16,7%**
- Custo Var. de Produção (DRE) deduzindo Matéria-prima: **9%**
- Custo Fixo Unitário: **$ 596,56**

$$Custo\ do\ Produto = \frac{MP + Custo\ Fixo\ unitário}{\dfrac{100 - (CVV\,\% + CVP\,\%\ não\ apropriado)}{100}}$$

$$Custo\ Total\ do\ Modelo\ I = \frac{720,00 + 596,56}{\dfrac{100 - (16,7 + 9)}{100}}$$

$$\textbf{Custo do Modelo I} = \$\,1.772,29$$

Calculando o Custo Total do Relógio Modelo II

- Matéria-prima: **\$ 960,00**
- Custo Var. de Vendas (DRE): **16,7%**
- Custo Var. de Produção (DRE) deduzindo Matéria-prima: **9%**
- Custo Fixo Unitário: **\$ 838,49**

$$Custo\ do\ Produto = \frac{MP + Custo\ Fixo\ unitário}{\frac{100 - (CVV\,\% + CVP\,\%\ não\ apropriado)}{100}}$$

$$Custo\ Total\ do\ Modelo\ II = \frac{960,00 + 838,49}{\frac{100 - (16,7 + 9)}{100}}$$

$$Custo\ do\ Modelo\ II = \$\ 2.421,05$$

Calculando o Custo Total do Relógio Modelo III

- Matéria-prima: **\$ 1.630,00**
- Custo Vari.de Vendas (DRE): **16,7%**
- Custo Var. de Produção (DRE) deduzindo Matéria-prima: **9%**
- Custo Fixo Unitário: **\$ 711,45**

$$Custo\ do\ Produto = \frac{MP + Custo\ Fixo\ unitário}{\frac{100 - (CVV\,\% + CVP\,\%\ não\ apropriado)}{100}}$$

$$Custo\ Total\ do\ Modelo\ III = \frac{1.630,00 + 711,45}{\frac{100 - (16,7 + 9)}{100}}$$

$$Custo\ do\ Modelo\ III = \$\ 3.151,95$$

9.2.2 Vantagens e Desvantagens do Método

- **Vantagens**

Facilita a tomada de decisões: Foca nos custos relevantes para a tomada de decisões gerenciais, ajudando os gestores a entenderem melhor a rentabilidade de cada produto ou serviço.

Flexibilidade: Permite uma análise mais detalhada dos custos e receitas, possibilitando ajustes rápidos e precisos em resposta às mudanças no ambiente de negócios.

Identificação de produtos mais lucrativos: Ajuda a identificar os produtos ou serviços que contribuem mais significativamente para a geração de lucro, direcionando os esforços para maximizar o retorno sobre o investimento.

Análise de ponto de equilíbrio: Facilita a determinação do ponto de equilíbrio, ou seja, o volume de vendas necessário para cobrir todos os custos e atingir o ponto de lucro zero.

- **Desvantagens:**

Ignora a capacidade ociosa: Não leva em conta a capacidade ociosa da empresa, o que pode distorcer a análise da rentabilidade de um produto ou serviço.

Foco excessivo nos curtos prazos: Como se concentra nos custos e receitas variáveis de curto prazo, pode negligenciar os impactos de longo prazo nas decisões operacionais e estratégicas.

9.3   Método ABC de Custeio – Custo Baseado em Atividades

O Custo Baseado em Atividade (ABC) ou ***Activity Base Cost***, é uma abordagem de custeio que busca entender e alocar os custos indiretos de maneira mais precisa, relacionando-os às atividades que realmente consomem recursos. Diferente dos métodos tradicionais, que costumam utilizar critérios arbitrários para a distribuição de custos, o ABC identifica

as atividades que agregam valor ao processo produtivo e atribui os custos de forma mais direta e precisa a essas atividades.

Essa metodologia reconhece que nem todos os produtos ou serviços consomem os mesmos recursos indiretos da mesma maneira. Portanto, o ABC busca entender a relação entre os custos das atividades e os fatores que impulsionam esses custos, como o volume de produção, a complexidade do processo ou a diversidade dos produtos.

Ao entender melhor como os recursos são utilizados em cada atividade, as organizações podem tomar melhores decisões sobre preços, mix de produtos, eficiência operacional e alocação de recursos. Isso permite uma gestão mais estratégica dos custos e uma melhor

compreensão do verdadeiro custo de cada produto ou serviço oferecido pela empresa.

Segundo seus idealizadores, COOPER & KAPLAN (1998, p.47), o ABC (Activity Based Cost), ou Custo Baseado em Atividades, é "uma abordagem que analisa o comportamento dos custos por atividades, estabelecendo relações entre as atividades e o consumo de recursos, independente de fronteiras departamentais, permitindo a identificação dos fatores que levam a instituição ou empresa a incorrer em custos em seus processos de oferta de produtos e serviços e de atendimento a mercado e clientes."

Idealizado para eliminar as arbitrariedades dos critérios de rateio dos custos tradicionais, o custeio ABC visa o levantamento e a análise dos custos das atividades que envolvem todo o processo da empresa, possibilitando assim, que se avalie o custo/benefício das atividades empresariais. Para aplicação do sistema ABC, se faz necessário a compreensão dos conceitos de direcionadores e das atividades.

9.3.1 Direcionadores de Custo

Os direcionadores de custos têm um papel fundamental na atribuição precisa dos custos às diferentes atividades de uma empresa. Eles servem como indicadores-chave para quantificar o trabalho realizado em cada atividade, facilitando a análise dos custos associados a cada uma delas. Esses direcionadores, também conhecidos como "drivers de custeio", devem ser escolhidos com cuidado, considerando diversos aspectos, como a facilidade de coleta e processamento de dados, a relação entre o consumo de recursos e as atividades, e a possibilidade de variações causadas por fatores externos ou mudanças nas condições do mercado.

A seleção apropriada dos direcionadores de custos é essencial para o sucesso da implementação do método ABC (Activity-Based Costing). É necessário avaliar criteriosamente questões como a disponibilidade de

dados e a relação entre os recursos consumidos e as atividades realizadas. Além disso, é importante antecipar possíveis variações que possam afetar a distribuição dos custos, como mudanças nos processos operacionais ou nas demandas do mercado.

Um exemplo concreto dessa análise é quando uma empresa vincula seus custos ao número de pedidos de compra de matéria-prima: se houver uma redução nesses pedidos devido a problemas logísticos, isso pode impactar diretamente na atribuição dos custos relacionados a essa atividade. Portanto, a escolha dos direcionadores de custos deve ser feita com cuidado para garantir a precisão e a relevância das informações gerenciais obtidas.

Existem diferentes tipos de direcionadores de custos, cada um adequado a diferentes atividades e processos. Alguns exemplos comuns incluem:

Número de Horas-Máquina: Usado em atividades relacionadas à manutenção de equipamentos, onde os custos são proporcionais ao tempo de uso das máquinas.

Número de Horas de Mão de Obra: Aplicado em atividades de produção onde os custos estão relacionados à quantidade de trabalho humano envolvido.

Número de Pedidos: Utilizado em atividades de processamento de pedidos, onde os custos estão associados ao número de pedidos recebidos ou processados.

Número de Setup: Empregado em atividades que requerem configuração ou preparação de máquinas, onde os custos variam de acordo com o número de setups realizados.

Área de Espaço Utilizado: Aplicado em atividades relacionadas ao uso de espaço físico, onde os custos são atribuídos com base na área ocupada por um determinado departamento ou processo.Usado em atividades de controle de qualidade, onde os custos estão relacionados ao número de testes realizados em produtos acabados.

Esses são apenas alguns exemplos de direcionadores de custos, e a escolha do direcionador adequado depende das características específicas de cada atividade e do contexto operacional da empresa. O objetivo final é garantir uma alocação precisa dos custos indiretos às atividades e produtos, proporcionando uma melhor compreensão dos **custos** envolvidos em cada processo.

Por ser uma ferramenta de custeio voltada a gestão, o ABC busca proporcionar uma visão de utilização de recursos da empresa por atividade, objetivando assim, eliminar as distorções dos sistemas tradicionais de custeio. O método é composto por várias etapas que permitem uma análise detalhada e uma alocação mais precisa dos custos:

9.3.2   Exemplo de Aplicação do Método

A empresa Têxtil Roupas & Cia é especializada na produção de camisetas, vestidos e calças. Recentemente, a empresa decidiu implementar o método de custeio baseado em atividades (ABC) para melhor entender os custos associados a cada produto, desenvolvendo as seguintes etapas:

1)   Coleta de dados

Nesta etapa, são coletados dados sobre os custos através das informações de apontamento de custos de produção a análise de registros contábeis.

GESTÃO EFICIENTE DE CUSTOS

Itens Produzido

Produtos	Produção mensal (unid.)
Blusas	3.000
Vestidos	600
Bermudas	400

Preço de Venda dos Itens

Produtos	Preço de venda (unid.)	
Blusas	R$	95,00
Vestidos	R$	300,00
Bermudas	R$	210,00

Tempo de Processamento dos Itens

Produtos	Corte e Costura		Acabamento	
	Tempo unitário (h)	Total (h)	Tempo unitário (h)	Total (h)
Blusas	0,80	2.400	0,25	750
Vestidos	1,80	1.080	0,90	540
Bermudas	0,90	360	0,65	260
Total		3.840		1.550

Custos Diretos por Unidade
(Matéria-Prima e Mão-de-Obra-Direta)

	Custos Diretos por Unidade (MP)					
	Blusas		Vestidos		Bermudas	
Tecido	R$	35,00	R$	110,00	R$	60,00
Aviamentos	R$	9,00	R$	35,00	R$	20,00
Mão-de-obra Direta	R$	6,00	R$	15,00	R$	10,00
Total	R$	50,00	R$	160,00	R$	90,00

Custos Indiretos

Custos Indiretos	
Aluguel	9.500,00
Energia Elétrica	7.600,00
Salário - Supervisão	30.000,00
Mão-de-obra Indireta	48.000,00
Depreciação	18.000,00
Pro-Labore	17.000,00
Seguros	5.000,00
Total	**135.100,00**

Despesas

Despesas	
Adminstrativas	25.000,00
Impostos (12%)	65.880,00
Comissões (5% das vendas)*	27.450,00
Total	**118.330,00**

2) Identificação das atividades

Nesta etapa, as atividades realizadas dentro da organização são identificadas e definidas. Isso inclui atividades relacionadas à produção, vendas, distribuição, suporte administrativo, entre outras.

Departamentos	Atividades Relevantes
Compras	Comprar Materiais
	Desenvolver Fornecedores
Almoxarifado	Receber Materiais
	Movimentar Materiais
Adm. Produção	Programar a Produção
	Controlar a Produção
Corte e Costura	Cortar
	Costurar
Acabamento	Acabar
	Despachar Produtos

3) Identificação dos direcionadores de custo

Os direcionadores de custo são os fatores que impulsionam o consumo de recursos em cada atividade. Eles podem ser de diferentes tipos, como o número de pedidos recebidos, horas de máquina utilizadas, quilômetros percorridos, entre outros. A identificação precisa dos direcionadores de custo é fundamental para a precisão do método. Alguns exemplos de direcionadores:

- **Direcionador Comprar Materiais:**

Identificação das atividades: Todas as etapas do processo de comprar materiais são identificadas, desde a pesquisa de fornecedores até a emissão de pedidos de compra.

Determinação dos recursos consumidos: Recursos como tempo dos funcionários, custos de sistemas de gestão de compras e despesas de comunicação são identificados como consumidos por cada atividade.

Escolha do direcionador de custos: O direcionador de custos, como número de pedidos de compra emitidos ou valor total das compras, é escolhido para vincular os custos à atividade de comprar materiais.

- **Direcionador Desenvolver Fornecedores:**

Identificação das atividades: Todas as etapas do processo de desenvolver fornecedores são identificadas, desde a pesquisa de mercado até a negociação de contratos.

Determinação dos recursos consumidos: Recursos como tempo dos funcionários, custos de viagens e deslocamentos, e despesas de comunicação são identificados como consumidos por cada atividade.

Escolha do direcionador de custos: O direcionador de custos, como número de novos fornecedores desenvolvidos ou tempo gasto na atividade, é escolhido para vincular os custos à atividade de desenvolver fornecedores.

- **Direcionador Receber Materiais:**

  Identificação das atividades: Todas as etapas do processo de receber matérias-primas são identificadas, desde a inspeção de qualidade até o registro de entrada no estoque.

  Determinação dos recursos consumidos: Recursos como tempo dos funcionários, uso de equipamentos como empilhadeiras e

  custos diretos ou indiretos são identificados como consumidos por cada atividade.

  Escolha do direcionador de custos: O direcionador de custos, como número de remessas recebidas, peso total dos materiais ou tempo gasto na atividade, é escolhido para vincular os custos à atividade de receber matérias.

- **Direcionador Movimentar Materiais:**

  Identificação das atividades: São identificadas todas as etapas do processo de movimentação de materiais, incluindo recebimento, armazenagem, preparação e transporte interno.

  Determinação dos recursos consumidos: Recursos como tempo dos funcionários, custos de manutenção de equipamentos e transporte interno são identificados como consumidos por cada atividade.

  Escolha do direcionador de custos: O direcionador de custos, como número de movimentações de materiais, tempo gasto ou volume total movimentado, é escolhido para vincular os custos à atividade de movimentar materiais.

- **Direcionador Programar a Produção:**

  Identificação das atividades: Todas as etapas do processo de programação da produção são identificadas, incluindo o planejamento, definição de cronogramas e alocação de recursos.

Determinação dos recursos consumidos: Recursos como tempo dos funcionários, custos de software de planejamento, comunicação entre departamentos são identificados como consumidos por cada atividade.

Escolha do direcionador de custos: O direcionador de custos, como número de ordens de produção programadas, tempo gasto na programação ou número de produtos a serem fabricados, é escolhido para vincular os custos à atividade de programação da produção.

- **Direcionador Controlar a Produção:**

Identificação das atividades: Reconhecer todas as atividades relacionadas ao controle da produção, como supervisão da linha, monitoramento do progresso e inspeção de qualidade.

Determinação dos recursos consumidos: Identificar os

recursos utilizados em cada atividade, como tempo dos supervisores, sistemas de monitoramento e custos de inspeção.

Escolha do direcionador de custos: Selecionar o direcionador que melhor vincula os custos à atividade, como horas de trabalho dos supervisores, unidades produzidas ou inspeções realizadas.

- **Direcionador Cortar Tecido**

Identificação das atividades: Identificar todas as etapas relacionadas ao processo de corte de tecido, incluindo preparação, corte e inspeção de qualidade.

Determinação dos recursos consumidos: Identificar os recursos utilizados em cada atividade, como tempo dos cortadores e custo dos equipamentos.

Escolha do direcionador de custos: Selecionar um direcionador que melhor represente a relação entre os custos e a atividade de corte de tecido, como o número de metros de tecido cortados.

Atribuição dos custos: Distribuir os custos totais da atividade de corte de tecido com base no direcionador escolhido.

- **Direcionador Costurar Tecido**

Identificação das atividades: Reconhecer todas as etapas relacionadas à costura de tecido, como preparação do tecido, corte, costura e acabamento.

Determinação dos recursos consumidos: Identificar os recursos utilizados em cada etapa, incluindo tempo dos costureiros, uso de máquinas de costura, consumo de energia e matéria-prima.

Escolha do direcionador de custos: Selecionar o direcionador que melhor se relaciona com a atividade de costura de tecido, como horas de trabalho dos costureiros, número de peças produzidas ou tempo de utilização das máquinas.

Atribuição dos custos: Distribuir os custos totais relacionados à costura de tecido proporcionalmente com base no direcionador escolhido, como horas de trabalho dos costureiros.

- **Direcionador Acabamento**

Identificação das atividades: Identificar todas as etapas relacionadas ao processo de acabamento, como revisão de costura, aplicação de detalhes, colocação de etiquetas e embalagem final.

Determinação dos recursos consumidos: Identificar os recursos utilizados em cada etapa do acabamento, como tempo dos trabalhadores envolvidos, custo de materiais adicionais, custos de inspeção de qualidade, entre outros.

Escolha do direcionador de custos: Selecionar o direcionador que melhor se relaciona com a atividade de acabamento, como horas de trabalho dos funcionários, número de peças acabadas ou tempo de preparação de embalagem.

Atribuição dos custos: Distribuir os custos totais relacionados ao acabamento proporcionalmente com base no direcionador escolhido, como horas de trabalho dos funcionários.

- **Direcionador Despachar Produtos**

Identificação das atividades: Identificar todas as etapas relacionadas ao processo de despacho de produtos, como preparação de pedidos, embalagem, etiquetagem, organização de transporte e despacho final.

Determinação dos recursos consumidos: Identificar os recursos utilizados em cada etapa do despacho, como tempo dos trabalhadores envolvidos, custo de materiais de embalagem, despesas de transporte, entre outros.

Escolha do direcionador de custos: Selecionar o direcionador que melhor se relaciona com a atividade de despacho, como número de pedidos processados, peso total dos produtos despachados ou tempo de preparação de pedidos.

Atribuição dos custos: Distribuir os custos totais relacionados ao despacho proporcionalmente com base no direcionador escolhido, como número de pedidos processados.

Tabela Resumo Custos dos Direcionadores

Departamentos	Atividades Relevantes	Custos	Direcionadores
Compras	Comprar Materiais	4.000,00	Nº de pedidos
	Desenvolver Fornecedores	5.000,00	Nº de fornecedores
	Total	**9.000,00**	
Almoxarifado	Receber Materiais	8.000,00	Nº de recebimentos
	Movimentar Materiais	2.500,00	Nº de requisições
	Total	**10.500,00**	
Adm. Produção	Programar a Produção	16.000,00	Nº de produtos
	Controlar a Produção	7.500,00	Nº de lotes
	Total	**23.500,00**	
Corte e Costura	Cortar	9.000,00	Tempo de corte
	Costurar	8.600,00	Tempo de costura
	Total	**17.600,00**	
Acabamento	Acabar	16.400,00	Tempo de acabamento
	Despachar Produtos	23.000,00	Tempo de despacho
	Total	**39.400,00**	

Tabela de Frequência das Atividades dos Direcionadores

Frequência das Atividades dos Direcionadores				
	Blusas	Vestidos	Bermudas	Total
Nº de pedidos de compra	230	60	10	300
Nº de fornecedores	6	6	3	15
Nº de recebimentos	15	30	5	50
Nº de requisições	200	150	80	430
Nº de produtos	1	1	1	3
Nº de lotes	90	40	13	143
Corte (h)	1.200	540	180	1.920
Costura (h)	1.200	540	180	1.920
Acabamento (h)	750	540	260	1.550
Despacho (h)	25	50	25	100

4) Cálculo do custo das atividades

Uma vez que os custos são atribuídos às atividades, o próximo passo é calcular o custo total de cada atividade. Isso é feito somando os custos diretos e indiretos associados a cada atividade.

Direcionador Comprar Materiais: O custo por unidade do direcionador é calculado dividindo o custo total da atividade pelo número total de unidades do direcionador, por exemplo, o custo por pedido de compra.

Direcionador Desenvolver Fornecedores: O custo por unidade do direcionador é calculado dividindo o custo total da atividade pelo número total de unidades do direcionador, por exemplo, o custo por novo fornecedor desenvolvido.

Direcionador Receber Materiais: Calcula-se o custo por unidade do direcionador dividindo o custo total da atividade pelo número total de unidades do direcionador, por exemplo, o custo por remessa recebida.

Direcionador Movimentar Materiais: Calcula-se o custo por unidade do direcionador dividindo o custo total da atividade pelo número total de unidades do direcionador, por exemplo, o custo por movimentação de materiais.

Direcionador Programar a Produção: Calcula-se o custo por unidade do direcionador dividindo o custo total da atividade pelo número total de unidades do direcionador, por exemplo, o custo por ordem de produção programada.

Direcionador Controlar a Produção: Calcula-se o custo por unidade do direcionador escolhido, dividindo o custo total da atividade pelo número total de unidades do direcionador, como o custo por hora de supervisão.

Direcionador Cortar Tecido: Calcula-se o custo por unidade do direcionador escolhido dividindo o custo total da atividade pelo número total de unidades do direcionador.

Direcionador Costurar Tecido: Calcula-se o custo por unidade do direcionador escolhido, dividindo o custo total da atividade pelo número total de unidades do direcionador, como o custo por hora de trabalho dos costureiros.

Direcionador Acabar: Calcula-se o custo por unidade do direcionador escolhido, dividindo o custo total da atividade pelo número total de unidades do direcionador, como o custo por hora de trabalho dos funcionários.

Direcionador Despachar Produtos: Calcula-se o custo por unidade do direcionador escolhido, dividindo o custo total da atividade pelo número total de unidades do direcionador, como o custo por pedido processado.

Como exemplo, iremos calcular o custo das atividades do **Direcionador Compra de Materiais** para os três produtos fabricados pela empresa: Blusas, Vestidos e Bermudas. Essa abordagem servirá como base para o cálculo das demais atividades listadas na tabela a seguir.

$$Custo\ unit.\ da\ Atividade = \frac{\left[\left(\frac{Custo\ Direcionador}{Total\ de\ Atividades}\right) \times N^{\underline{o}}\ Ativ.\ item\right]}{Total\ Produção\ item}$$

BLUSAS

- Custo do Direcionador: **$ 4.000,00**
- Nº Total Pedidos de Compras (Atividades): **300 pedidos**
- Nº Pedidos de Compras (Atividades) para o item Blusa: **230 pedidos**
- Total de Blusas Produzidas: **3.000 unidades**

$$\textbf{\textit{Custo unit. da Atividade}} = \frac{\left[\left(\frac{\textbf{\textit{Custo Direcionador}}}{\textbf{\textit{Total de Atividades}}}\right) \times N^{\underline{o}}\, \textbf{\textit{Ativ. item}}\right]}{\textbf{\textit{Total Produção item}}}$$

$$Custo\ unitário\ da\ Atividade = \frac{\left[\left(\frac{4.000,00}{300}\right) \times 230\right]}{3.000}$$

$$\textbf{\textit{Custo unitário da Atividade}} = \$\,\textbf{1,02}$$

VESTIDOS

- Custo do Direcionador: **$ 4.000,00**
- Nº Total Pedidos de Compras (Atividades): **300 pedidos**
- Nº Pedidos de Compras (Atividades) para o item vestido: **60 pedidos**
- Total de Vestidos Produzidos: **600 unidades**

$$\textbf{\textit{Custo unit. da Atividade}} = \frac{\left[\left(\frac{\textbf{\textit{Custo Direcionador}}}{\textbf{\textit{Total de Atividades}}}\right) \times N^{\underline{o}}\, \textbf{\textit{Ativ. item}}\right]}{\textbf{\textit{Total Produção item}}}$$

$$Custo\ unitário\ da\ Atividade = \frac{\left[\left(\frac{4.000,00}{300}\right) \times 60\right]}{600}$$

$$\textbf{\textit{Custo unitário da Atividade}} = \$\,\textbf{1,33}$$

BERMUDAS:

- Custo do Direcionador: **$ 4.000,00**
- Nº Total Pedidos de Compras (Atividades): **300 pedidos**

- Nº Pedidos de Compras (Atividades) para o item Bermudas: **10 pedidos**
- Total de Bermudas Produzidas: **400 unidades**

$$Custo\ unit.\ da\ Atividade = \frac{\left[\left(\frac{Custo\ Direcionador}{Total\ de\ Atividades}\right) x\ N^{\underline{o}}\ Ativ.\ item\right]}{Total\ Produção\ item}$$

$$Custo\ unitário\ da\ Atividade = \frac{\left[\left(\frac{4.000,00}{300}\right) x\ 10\right]}{400}$$

$$\textbf{Custo unitário da Atividade} = \$\ 0,33$$

Para o Cálculo do Custo total dos Direcionadores por Produto, faz-se a soma do custo unitário das Atividades, aplicando a fórmula:

$$Custos\ Indiretos\ por\ item = \sum_{i=1}^{n} Custo\ da\ Atidade_i$$

Onde:

- n é o número total de atividades.
- **Custo da Atividade$i$** representa o custo da atividade i^a.

No exemplo do Produto **Blusa**, soma-se o custo unitário de todas as atividades dos direcionadores identificados (tabela abaixo):

$$Custos\ Indiretos\ por\ item = \sum_{i=1}^{n} Custo\ da\ Atidade_i$$

$$\textbf{Custos Indiretos Blusa} = Custo\ Unit.\ Comprar\ Materiais + Custo\ Unit.\ desenvolver\ Fornecedores + Custo\ Unit.\ Receber\ Materiais + ... + Custo\ Unit.\ Despachar\ produtos$$

$$\textbf{Custos Indiretos Blusa} = \$\ 14,46$$

Tabela Custo Atividades por Item Produzido (Custos Indiretos)

Direcionadores de Custos das Atividades	Blusas		Vestidos		Bermudas	
Comprar Materiais	R$	1,02	R$	1,33	R$	0,33
Desenvolver Fornecedores	R$	0,67	R$	3,33	R$	2,50
Receber Materiais	R$	0,80	R$	8,00	R$	2,00
Movimentar Materiais	R$	0,39	R$	1,45	R$	1,16
Programar a Produção	R$	1,78	R$	8,89	R$	13,33
Controlar a Produção	R$	1,57	R$	3,50	R$	1,70
Cortar	R$	1,88	R$	4,22	R$	2,11
Costurar	R$	1,79	R$	4,03	R$	2,02
Acabar	R$	2,65	R$	9,52	R$	6,88
Despachar Produtos	R$	1,92	R$	19,17	R$	14,38
Total	**R$**	**14,46**	**R$**	**63,44**	**R$**	**46,41**

No exemplo observa-se que o item que mais consome recursos é o vestido, seguido da bermuda e o que menos consome recurso é a blusa. Quando se apropria o custo das atividades por produto, é possível fazer uma análise detalhada do custo envolvido na produção de cada item.

Isso permite identificar quais produtos consomem mais recursos em determinadas atividades, fornecendo insights sobre oportunidades de redução de custos, otimização de processos e precificação mais precisa. Além disso, essa análise pode ajudar na tomada de decisões estratégicas, como a descontinuação de produtos pouco rentáveis ou o redirecionamento de recursos para itens mais lucrativos.

5) **Identificação do custo dos objetos de custo (cálculo do custo do produto)**

Os objetos de custo podem ser produtos, serviços, clientes ou qualquer outra unidade de análise relevante para a empresa. Nesta etapa, os custos das atividades são alocados aos objetos de custo com base na utilização de cada atividade por parte desses objetos.

Para calcular o custo total do produto, utiliza-se a seguinte fórmula:

Custo total do Item = Custo Direto + Custo Indireto

Sendo:

- **Custo Direto** = Matéria-prima
- **Custo Indireto** = $\sum$ custo das atividades

Calculando o Custo Total da Blusa

- Custo Direto (matéria-prima): $ 50,00
- Custo Indireto (custo das atividades): $ 14,46

$$Custo\ total\ do\ Item = Custo\ Direto + Custo\ Indireto$$
$$Custo\ total\ Blusa = 50,00 + 14,46$$
$$Custo\ total\ Blusa = \$\ 64,46$$

Calculando o Custo Total do Vestido

- Custo Direto (matéria-prima): $ 160,00
- Custo Indireto (custo das atividades): $ 63,44

$$Custo\ total\ do\ Item = Custo\ Direto + Custo\ Indireto$$
$$Custo\ total\ Vestido = 160,00 + 63,44$$
$$Custo\ total\ Vestido = \$\ 223,44$$

Calculando o Custo Total da Bermuda

- Custo Direto (matéria-prima): $ 90,00
- Custo Indireto (custo das atividades): $ 46,41

$$Custo\ total\ do\ Item = Custo\ Direto + Custo\ Indireto$$
$$Custo\ total\ Bermuda = 90,00 + 46,41$$
$$Custo\ total\ Bermuda = \$\ 136,41$$

Tabela Comparativa de Lucratividade por Produto

	Blusas		Vestidos		Bermudas	
Custos Diretos	R$	50,00	R$	160,00	R$	90,00
Custos Indiretos	R$	14,46	R$	63,44	R$	46,41
Custo Total	**R$**	**64,46**	**R$**	**223,44**	**R$**	**136,41**
Preço de Venda	R$	95,00	R$	300,00	R$	210,00
Lucro Bruto (Unitário)	**R$**	**30,54**	**R$**	**76,56**	**R$**	**73,59**
Margem (%)		32,2%		25,5%		35,0%
Ordem de lucratividade		**1º**		**2º**		**3º**

Observa-se que o item de maior lucratividade para a empresa é a Blusa, seguido do Vestido e por último a Bermuda

6)   Análise e tomada de decisão

Por fim, os custos atribuídos aos objetos de custo são analisados

para entender o verdadeiro custo de cada um. Com essa informação, a gestão pode tomar decisões mais informadas sobre preços, mix de produtos, eficiência operacional e alocação de recursos.

Nesta etapa, é realizado o levantamento do Demonstrativo de Resultados do Exercício (DRE) por produto, seguindo os princípios do Método ABC. Como exemplo, vamos considerar o item Blusa. Essa abordagem servirá como base para o cálculo das demais atividades listadas na tabela a seguir.

Blusas

Receita = 285.000,00
Receita = Preço do Item x Quantidade Vendida do Item
Receita = 95,00 x 3000

Custo Diretos = $ 156.000,00

Custo Tecido = Quant. x Custo MP tecido
*Custo Tecido = 3000 x 35,00 = $ **105.000,00***

GESTÃO EFICIENTE DE CUSTOS

$Custo\ Aviamento\ = Quant. \times Custo\ MP\ aviamento$
$Custo\ Aviamento\ = 3000 \times 9,00 = \$\ \mathbf{27.000,00}$

$Custo\ Mão\ de\ Obra\ Direta\ = Quant. \times Custo\ MOD$
$Custo\ Mão\ de\ Obra\ Direta\ = 3000 \times 6,00 = \$\ \mathbf{24.000,00}$

$Custo\ Diretos = CT. tec. + CT. Aviam. + CT\ MOD$
$\textbf{Custo Dir} = 105.000,00 + 27.000,00 + 24.000,00 = \mathbf{\$\ 156.000,00}$

Custos Indiretos = \$ 43.368,55

$Custo\ Comprar\ Mat. = Quant. \times Custo\ unit\ Ativ\ Comprar\ Mat.$
$Custo\ Comprar\ Materiais = 3.000. \times 1,02 = \mathbf{\$\ 3.066,67}$

$Custo\ Desenv. Fornec. = Quant. \times Custo\ unit\ Desenv. Forn.$
$Custo\ Desenv. Fornec. = 3.000 \times 0,67 = \mathbf{\$\ 2.000,00}$

$Custo\ Receber\ Mat. = Quant. \times Custo\ unit\ Receber\ Materiais$
$Custo\ Receber\ Materiais = 3.000 \times 0,80 = \mathbf{\$\ 2.400,00}$

$Custo\ Movimentar\ Mat. = Quant. \times Custo\ unit\ Movim. Mat.$
$Custo\ Movimentar\ Materiais = 3.000 \times 0,39 = \mathbf{\$\ 1.162,79}$

$Custo\ Programar\ Prod. = Quant. \times Custo\ unit\ Progr. Prod.$
$Custo\ Programar\ Produção = 3.000 \times 1,78 = \mathbf{\$\ 5.333,33}$

$Custo\ Controlar\ Prod. = Quant. \times Custo\ unit\ Controlar\ Prod.$
$Custo\ Controlar\ Produção = 3.000 \times 1,57 = \mathbf{\$\ 4.720,28}$

$Custo\ Cortar = Quant. \times Custo\ unit\ Cortar$
$Custo\ Cortar = 3.000 \times 1,88 = \mathbf{\$\ 5.625,00}$

$Custo\ Costurar = Quant. \times Custo\ unit\ Costurar$
$Custo\ Costurar = 3.000 \times 1,79 = \mathbf{\$\ 5.375,00}$

$Custo\ Acabar = Quant. \times Custo\ unit\ Acabar$
$Custo\ Acabar = 3.000 \times 2,65 = \mathbf{\$\ 7.935,48}$

$Custo\ Despachar\ Produ. = Quant. \times Custo\ unit\ Desp. Prod.$
$Custo\ Despachar\ Produtos = 3.000 \times 1,92 = \mathbf{\$\ 5.750,00}$

$Total\ Custos\ Indiretos = \sum Custos\ Indiretos$

Total Custos Indiretos $=\$\ 43.368,55$

Custo Produto Vendido = $ 199.368,55

Custo do Produto Vendido = Custo Direto + Custo Indireto

Custo do Produto Vendido = 156.000 + 43.368,55
Custo do Produto Vendido = $ 199.368,55

Lucro = $ 85.631,45

Lucro = Receita − Custo do Produto Vendido

Lucro = 285.000,00 − 199.368,55 = $ 85.631,45

No processo de elaboração do Demonstrativo de Resultados do Exercício (DRE) pelo método ABC, iniciamos somando as receitas geradas pelos produtos. Em seguida, deduzimos dessa soma o custo do produto vendido, composto pelos custos diretos e indiretos associados a cada produto. Despesas administrativas, impostos e comissões não são atribuídos individualmente a cada produto, mas são subtraídos do lucro bruto para obter o resultado final.

Demonstração de Resultados - ABC			
	Blusas	Vestidos	Bermudas	Total
Vendas	R$ 285.000,00	R$ 180.000,00	R$ 84.000,00	R$ 549.000,00
Custo dos Produtos Vendidos	R$ 199.368,55	R$ 132.866,88	R$ 54.564,57	R$ 386.800,00
Tecido	R$ 105.000,00	R$ 66.000,00	R$ 24.000,00	R$ 195.000,00
Aviamentos	R$ 27.000,00	R$ 21.000,00	R$ 8.000,00	R$ 56.000,00
Mão-de-obra Direta	R$ 24.000,00	R$ 7.800,00	R$ 4.000,00	R$ 35.800,00
Subtotal Custos Diretos	R$ 156.000,00	R$ 94.800,00	R$ 36.000,00	R$ 286.800,00
Comprar Materiais	R$ 3.066,67	R$ 800,00	R$ 133,33	R$ 4.000,00
Desenvolver Fornecedores	R$ 2.000,00	R$ 2.000,00	R$ 1.000,00	R$ 5.000,00
Receber Materiais	R$ 2.400,00	R$ 4.800,00	R$ 800,00	R$ 8.000,00
Movimentar Materiais	R$ 1.162,79	R$ 872,09	R$ 465,12	R$ 2.500,00
Programar a Produção	R$ 5.333,33	R$ 5.333,33	R$ 5.333,33	R$ 16.000,00
Controlar a Produção	R$ 4.720,28	R$ 2.097,90	R$ 681,82	R$ 7.500,00
Cortar	R$ 5.625,00	R$ 2.531,25	R$ 843,75	R$ 9.000,00
Costurar	R$ 5.375,00	R$ 2.418,75	R$ 806,25	R$ 8.600,00
Acabar	R$ 7.935,48	R$ 5.713,55	R$ 2.750,97	R$ 16.400,00
Despachar Produtos	R$ 5.750,00	R$ 11.500,00	R$ 5.750,00	R$ 23.000,00
Subtotal Atividades / Custos Indiretos	R$ 43.368,55	R$ 38.066,88	R$ 18.564,57	R$ 100.000,00
Lucro Bruto	R$ 85.631,45	R$ 47.133,12	R$ 29.435,43	R$ 162.200,00
Despesas Administrativas				R$ 25.000,00
Comissão				R$ 27.450,00
Impostos				R$ 35.880,00
Lucro Antes do IR				R$ 73.870,00

A análise do Demonstrativo de Resultados sob a perspectiva do método de Custeio Baseado em Atividades (ABC) oferece uma visão detalhada e precisa dos custos associados à produção de cada produto em uma indústria de confecções. Por meio do ABC, os custos são alocados não apenas com base em critérios tradicionais, como volume de produção, mas sim considerando as atividades específicas que consomem recursos. Neste contexto, a análise do DRE nos permite entender como os custos diretos e indiretos são distribuídos entre as diferentes etapas do processo produtivo e como isso impacta o lucro bruto e final da empresa. Vamos examinar mais de perto como os custos foram atribuídos às atividades e, em seguida, aos produtos, a fim de obter uma compreensão abrangente do desempenho financeiro da organização e identificar oportunidades de melhoria na gestão de custos e rentabilidade.

Para análise é importante observar como os custos foram alocados às atividades e, posteriormente, aos produtos. No caso apresentado:

1) Os custos diretos, como tecido, aviamentos e mão de obra direta, são claramente associados a cada produto individualmente, refletindo o consumo específico de recursos por produto.

2) Os custos indiretos foram alocados às atividades, como Comprar

Materiais, Desenvolver Fornecedores, Receber Materiais, entre outras. Cada atividade consome recursos de diferentes maneiras, e esses custos são então atribuídos aos produtos com base no uso de cada atividade por produto.

3) Nota-se que atividades como Costurar e Acabar possuem custos mais significativos, o que sugere que essas etapas do processo de produção demandam mais recursos.

4) O lucro bruto de cada produto é calculado subtraindo-se o custo total do produto vendido (soma dos custos diretos e custos indiretos alocados) das vendas correspondentes. Isso fornece uma visão mais precisa do lucro gerado por produto, levando em consideração todos os custos associados à sua produção.

5) As despesas administrativas, comissões e impostos não são atribuídos diretamente aos produtos, mas são subtraídos do lucro bruto para calcular o lucro antes do imposto de renda.

O método ABC permite uma alocação mais precisa dos custos indiretos aos produtos, levando em consideração as atividades que realmente consomem esses recursos. Isso proporciona uma visão mais clara do verdadeiro custo de produção de cada item e do impacto desses custos no lucro geral da empresa.

9.3.3   Vantagens e Desvantagens do Método

- **Vantagens**

Alocação mais precisa de custos: O ABC permite uma alocação mais precisa dos custos indiretos, pois considera as atividades que consomem recursos e os direcionadores de custos associados a elas.

Identificação de atividades não valorizadas: Ajuda a identificar atividades que não agregam valor ao produto ou serviço, permitindo que a empresa busque maneiras de reduzir ou eliminar essas atividades.

Melhor entendimento dos custos: Oferece uma visão mais clara dos custos envolvidos em cada etapa do processo produtivo, auxiliando na identificação de oportunidades de redução de custos e melhoria da eficiência.

Maior precisão na tomada de decisões: Ao fornecer informações mais precisas sobre os custos, o ABC ajuda os gestores a tomar decisões mais informadas relacionadas a preços, mix de produtos, alocação de recursos, entre outros.

- **Desvantagens**

Complexidade na implementação: O ABC pode ser complexo de implementar, pois requer a identificação e mensuração detalhada das atividades e direcionadores de custos, o que pode exigir recursos significativos e tempo.

Custo de manutenção: Manter um sistema ABC pode ser caro e requerer investimento contínuo em tecnologia e capacitação de pessoal para garantir a precisão e relevância das informações geradas.

Dificuldade na escolha dos direcionadores de custos: A escolha dos direcionadores de custos adequados nem sempre é fácil e pode exigir julgamento e análise cuidadosos para garantir que eles capturem adequadamente o consumo de recursos pelas atividades.

Possibilidade de subjetividade: A determinação dos custos das atividades e a escolha dos direcionadores de custos podem envolver algum grau de subjetividade, o que pode afetar a precisão das informações geradas pelo método.

9.4 Método de Custeio por Processo

O custeio por processo é uma metodologia utilizada para atribuir custos aos produtos em um ambiente de produção contínuo, onde os produtos passam por uma série de processos sequenciais. Nesse método, os custos são acumulados em centros de custo ou departamentos de produção, em vez de serem atribuídos a produtos individuais. Esses custos são então distribuídos entre os produtos com base em critérios como horas de mão de obra direta, horas de máquina utilizadas ou porcentagem de conclusão do processo.

Uma das principais características do custeio por processo é sua aplicação em ambientes de produção em massa, como em indústrias automobilísticas, químicas e de alimentos, onde os produtos são fabricados em grandes quantidades e passam por etapas previsíveis e repetitivas. Esse método oferece uma visão abrangente dos custos incorridos em cada estágio do processo produtivo, permitindo uma análise detalhada da eficiência e rentabilidade de cada departamento.

Além disso, o custeio por processo facilita o controle de custos e o planejamento financeiro, pois fornece informações precisas sobre os custos associados a cada etapa do processo produtivo. Isso permite que os gestores identifiquem áreas de desperdício, otimizem recursos e façam ajustes nas operações para melhorar a eficiência e reduzir os custos de produção.

9.4.1   Etapas para Implantação

A implantação do custeio por processo envolve várias etapas importantes para garantir sua eficácia e integração adequada com os processos de produção e controle financeiro da empresa. Abaixo estão as etapas comuns para a implantação desse método:

1) Análise dos processos produtivos: O primeiro passo é realizar uma análise detalhada dos processos produtivos da empresa para identificar todas as etapas envolvidas na fabricação dos produtos. Isso inclui mapear os fluxos de trabalho, identificar os centros de custo e entender como os produtos são transformados ao longo do processo.

2) Identificação dos custos diretos e indiretos: Em seguida, é necessário identificar todos os custos diretos e indiretos associados a cada etapa do processo produtivo. Isso inclui custos de matéria-prima, mão de obra direta, custos indiretos de fabricação, depreciação de equipamentos, entre outros.

3)   Alocação de custos: Com os custos identificados, é hora de determinar os métodos de alocação mais apropriados para distribuir esses custos entre os produtos e processos. Isso pode envolver o uso de critérios como horas de mão de obra, horas de máquina, consumo de materiais, entre outros.

4) Escolha do sistema de custeio: Uma vez que os custos estejam alocados, é necessário escolher o sistema de custeio mais adequado para a empresa. Isso pode incluir o custeio por absorção, o custeio variável ou outros métodos, dependendo das necessidades e características específicas da organização.

5) Implementação do sistema de custeio: Com o sistema de custeio selecionado, é hora de implementá-lo na empresa. Isso pode envolver a configuração de software de gestão financeira, treinamento de equipe, definição de procedimentos operacionais e ajustes nos sistemas de contabilidade existentes.

6) Monitoramento e revisão: Após a implementação, é importante monitorar continuamente o desempenho do sistema de custeio por processo e fazer ajustes conforme necessário. Isso pode envolver a revisão periódica dos critérios de alocação de custos, a análise de desvios e a identificação de áreas de melhoria.

7) Comunicação e educação: Por fim, é essencial comunicar os resultados do sistema de custeio por processo para todas as partes interessadas e fornecer treinamento adequado para garantir que todos compreendam como o sistema funciona e como ele afeta as operações da empresa.

9.4.2   Exemplo de Cálculo do Custo

A empresa "Fashion Textiles" produz camisetas e calças jeans. Ela possui três departamentos de produção: Corte, Costura e Acabamento. A empresa deseja implementar um sistema de custeio por processo para entender melhor os custos associados a cada departamento e produto. Para isso, temos que considerar o custo da matéria-prima e da mão de obra, além dos custos mensais de cada departamento (Corte, Costura e Acabamento). O custo da matéria-prima é de \$35,00 por camiseta e

$80,00 por calça jeans, enquanto o custo da mão de obra é de $8,00 por hora em todos os departamentos. Os custos mensais de cada departamento são: Corte: $20.000,00; Costura: $30.000,00; Acabamento: $25.000,00. Cada departamento pode trabalhar até 2500 horas no Corte, 3000 horas na Costura e 2500 horas no Acabamento por mês. Além disso, é importante saber que são necessárias 3 horas de trabalho para produzir uma calça jeans e 2 horas para produzir uma camiseta. Vamos calcular o custo total de produção para 300 calças jeans e 500 camisetas." calcule este exercício detalhando cada uma das etapas, chegando ao custo dos departamentos e o custo unitário de cada um dos produtos

Vamos calcular o custo total de produção para 300 calças jeans e 500 camisetas, seguindo as etapas abaixo:

Passo 1: Cálculo dos Custos Diretos

Custo da matéria-prima (MP)

Custo Total da MP = Custo unit MP x quantidade

Camiseta: *$35,00 × 500 =* **$17.500,00**

Calça jeans: *$80,00 × 300 =* **$24.000,00**

Custo da mão de obra direta (MOD)

Custo MOD = Custo unit MOD x Tempo Processo x quant.

Camiseta: *$8,00 × 2 horas × 500 =* **$8.000,00**

Calça jeans: *$8,00 × 3 horas × 300 =* **$7.200,00**

Passo 2: Cálculo dos Custos Indiretos (Departamentos)

Cálculo da taxa de rateio por hora de trabalho

$$Taxa\ Rateio\ por\ Hora\ Trab. = \frac{Custo\ Depart.}{Total\ de\ horas\ trabal.}$$

- *Taxa Rateio do Corte:* $\$20.000,00 \div 2500\ horas =$ **\$8,00/hora**
- *Costura:* $\$30.000,00 \div 3000\ horas =$ **\$10,00/hora**
- *Acabamento:* $\$25.000,00 \div 2500\ horas =$ **\$10,00/hora**

Cálculo do custo Indireto de cada departamento

$$Custo\ Depart = \left(\sum_{i=1}^{n} TP_i \right) x \left(\sum_{i=1}^{n} quantidade\ item_i \right)$$

Onde:

- **Custo Depart** é o custo total do departamento;
- **Tempo Processo (TP) item i** é o tempo necessário para produzir um item do tipo i;
- **Quantidade item i** é a quantidade de itens do tipo i a ser produzida;
- **n** é o número total de tipos de itens produzidos no departamento.

Corte: $(\$8,00/h \times 2\ horas/camiseta \times 500\ un.) + (\$8,00/h \times 3\ horas/calça\ jeans \times 300\ un.)$ **\$15.200,00**

Costura: $(\$10,00/h \times 2\ horas/camiseta \times 500\ un.) + (\$10,00/h \times 3\ horas/calça\ jeans \times 300\ un.)$ **\$19.000,00**

Acabamento: $(\$10,00/h \times 2\ horas/camiseta \times 500\ un.) + (\$10,00/h \times 3\ horas/calça\ jeans \times 300\ un.)$ **\$19.000,00**

Passo 3: Cálculo do Custo Total de Produção

Custo total da camiseta

$Custo\ Total\ item = Custo\ Direto + Custo\ Indireto$

Custo direto (matéria-prima + mão de obra): $17.500,00 + $8.000,00 = **$25.500,00**

Custo indireto (departamentos): $15.200,00 + $19.000,00 + $19.000,00 = **$53.200,00**

Custo total: $25.500,00 + $53.2000,00 = **$75.700,00**

Custo total da calça jeans:

$Custo\ Total\ item = Custo\ Direto + Custo\ Indireto$

Custo direto (matéria-prima + mão de obra): $24.000,00 + $7.200,00 = **$31.200,00**

Custo indireto (departamentos): $15.200,00 + $19.000,00 + $19.000,00 = **$53.200,00**

Custo total: $31.200,00 + $53.200,00 = **$84.400,00**

Passo 4: Cálculo do Custo do Item

$$Custo\ item = \frac{Custo\ total\ item}{quantidade\ produzida\ item}$$

Camiseta: $75.700,00 ÷ 500 = **$151,40**

Calça Jeans: $84.400,00 ÷ 300 = **$281,33**

9.4.3 Vantagens e Desvantagens do Método

- **Vantagens**

Visão global dos custos: Permite uma visão abrangente dos custos associados a cada departamento ou processo, facilitando a identificação de áreas de maior custo e possíveis oportunidades de redução de despesas.

Controle de custos: Ajuda na identificação de custos fixos e

variáveis em cada etapa do processo, permitindo um controle mais eficaz sobre os custos de produção.

Alocação equitativa de custos indiretos: Proporciona uma maneira de alocar os custos indiretos de maneira mais equitativa entre os produtos fabricados em diferentes departamentos, o que pode levar a uma melhor compreensão dos verdadeiros custos de produção.

Tomada de decisões informadas: Fornece informações valiosas para tomada de decisões estratégicas, como precificação de produtos, seleção de processos mais eficientes e investimentos em melhorias de processo.

- **Desvantagens**

Complexidade: Em ambientes de produção com muitos processos ou departamentos, o custeio por processo pode se tornar bastante complexo, exigindo um sistema robusto de coleta de dados e alocação de custos.

Alocação arbitrária de custos: A alocação de custos indiretos pode ser subjetiva e arbitrária, levando a distorções nos custos atribuídos a cada produto ou departamento.

Rigidez: Pode ser menos flexível do que outros métodos de custeio, tornando-se menos adequado para ambientes de produção com alta variabilidade ou mudanças frequentes nos processos.

Custos de implementação: A implementação de um sistema de custeio por processo pode exigir investimentos significativos em tecnologia e treinamento de pessoal, especialmente em empresas que estão migrando de métodos de custeio mais tradicionais.

9.5   Método da Unidade de Esforço da Produção (UEP)

Durante a Segunda Guerra Mundial, o Engenheiro Francês Georges Perin, criou um método denominado GP, para alocação de custos e controle, porém após sua morte este método caiu no

esquecimento. Um dos seus discípulos, chamado Franz Allora, modificou o método e denominou-o de UEP, que foi introduzido no Brasil no início da década de 60. Esta metodologia não foi aplicada até o ano de 1978, quando uma empresa de consultoria do Estado de Santa Catarina, começou a aplicá-lo em várias empresas para quem prestava serviços. No ano de 1986, uma equipe da Universidade Federal de Santa Catarina, realizou um estudo do método, promovendo sua divulgação e aprimoramento.

9.5.1   Objetivos do Método

Em empresas mono produtoras (um só produto), o cálculo do custo é muito simplificado, bastando a divisão dos custos do período pelo total produzido para termos o seu custo unitário, porém, para empresas com um mix variado de produtos, a situação é mais complexa, não sendo simples determinar a produção do período, visto que, eles podem passar por diferentes processos produtivos.

O método da UEP consiste em determinar uma medida comum, unificando todos os produtos e processos da empresa. Esta unificação da produção é a soma de todos os esforços de produção, necessários para transformar a matéria-prima em produto acabado.

As atividades produtivas da empresa diretamente envolvidas na fabricação do produto, são chamadas de esforços de produção. As demais atividades, não envolvidas diretamente na fabricação dos produtos são chamados esforços auxiliares. Pelo método, os esforços auxiliares são repassados aos esforços produtivos e então, repassados ao produto.

9.5.2 Etapas de Implantação

1) Identificação das atividades de produção: O primeiro passo é identificar todas as atividades envolvidas no processo de produção. Isso pode incluir etapas como corte de tecido, costura, acabamento, entre outras, dependendo do tipo de produção.

2) Medição do esforço de produção: Cada atividade é avaliada em termos de sua intensidade de esforço. Isso pode ser medido em horas de

trabalho, quantidade de matéria-prima utilizada, energia consumida, ou qualquer outra unidade de medida relevante para a atividade específica.

3) Determinação da unidade de esforço: Com base na medição do esforço de produção, uma unidade de esforço é estabelecida. Isso pode ser uma unidade padrão, como hora de trabalho padrão (HPP), quilowatt-hora (kWh), metro cúbico de gás, entre outros.

4) Atribuição de custos: Os custos associados a cada atividade de produção são atribuídos com base na quantidade de unidades de esforço consumidas por cada atividade. Por exemplo, se uma atividade de costura consome 10 horas de trabalho padrão e o custo de uma hora de trabalho padrão é $10, então o custo atribuído a essa atividade seria $100.

5) Rateio de custos indiretos: Além dos custos diretos associados a cada atividade, os custos indiretos também podem ser atribuídos com base na unidade de esforço. Isso é feito para garantir que todos os custos, tanto diretos quanto indiretos, sejam adequadamente alocados às atividades de produção.

6) Cálculo do custo total: Por fim, somando todos os custos atribuídos a cada atividade, o custo total de produção é calculado. Isso proporciona uma visão abrangente dos custos envolvidos em todo o processo de produção com base no esforço necessário para realizar cada atividade

9.5.3   Definição de 1 UEP

1) Determinação das unidades de medida: Para cada atividade identificada, determine uma unidade de medida que represente o esforço necessário para completá-la. Isso pode ser horas de trabalho, máquinas operadas, metros de tecido cortado, entre outros.

2) Atribuição de pesos: Atribua pesos às diferentes atividades com base na sua importância relativa para o processo produtivo. Por exemplo, se a costura é uma etapa que requer mais habilidade e tempo do que o corte de tecido, ela pode receber um peso maior.

3) Cálculo do total de UEPs: Some os pesos atribuídos a todas as atividades para obter o total de UEPs necessárias para produzir uma unidade do produto.

4) Determinação do custo por UEP: Divida o custo total das atividades produtivas pelo total de UEPs calculadas. Isso fornecerá o custo por unidade de esforço de produção.

No método da Unidade de Esforço da Produção (UEP), os pesos atribuídos às atividades representam a importância relativa delas no processo produtivo, enquanto o tempo refere-se à quantidade de horas necessárias para realizar cada atividade.

Por exemplo, se uma empresa identificar que são necessárias 10 horas de trabalho de corte e 15 horas de trabalho de costura para produzir uma unidade de produto, se para o corte de tecido, for atribuído um peso de 2, indicando que é uma atividade de importância média. Supondo que essa atividade leve 5 horas para ser concluída, o total de UEPs para o corte de tecido seria 5 horas (tempo) x 2 (peso) = 10 UEPs.

Da mesma forma, para a atividade de costura, se for atribuído um peso de 3, indicando que é uma atividade mais crítica e exigente. Supondo que a costura leve 6 horas para ser concluída, o total de UEPs para a costura seria 6 horas (tempo) x 3 (peso) = 18 UEPs.

Então, somando o total de UEPs de cada atividade para obter o total de UEPs necessárias para produzir uma unidade do produto. Neste exemplo hipotético, o total de UEPs seria 10 UEPs (para o corte de tecido) + 18 UEPs (para a costura) = 28 UEPs no total.

9.5.4 Exemplo de Aplicação do Método

A fábrica de móveis deseja calcular o custo de produção de 400 cadeiras utilizando o Método da Unidade de Esforço da Produção (UEP). Cada cadeira requer atividades de corte de madeira e montagem. O custo unitário de matéria-prima por cadeira é de $200,00. O corte de madeira tem peso 2 e leva 5 horas, enquanto a montagem, com peso 3, demanda 8 horas. Os custos indiretos totalizam $12.000,00, os custos de vendas são $6.000,00 e as despesas gerais são $8.000,00. O objetivo é definir a Unidade de Esforço da Produção (UEP) e o total de UEPs, calcular o custo por UEP, o custo indireto por UEP, as despesas por UEP, os custos

de vendas por UEP, o custo total de produção e o custo total unitário da cadeira.

Definição de UEP (Unidade de Esforço da Produção)

A UEP é uma medida padronizada que permite avaliar o esforço necessário para realizar uma determinada atividade de produção. Neste caso, consideraremos que **1 hora de trabalho equivale a uma UEP.**

Total de UEPs

Para calcular o total de UEPs, precisamos somar o esforço de cada atividade. Como o corte de madeira tem peso 2 e leva 5 horas, e a montagem tem peso 3 e leva 8 horas, temos:

$$\textbf{\textit{TOTAL UEPs}} = \left(\sum_{i=1}^{n} peso_i \right) \times \left(\sum_{i=1}^{n} Tempo\,processo_i \right)$$

__Total UEPs__ = (Peso do corte de madeira x Tempo de Corte) + (Peso montagem x Tempo de Montagem)

__Total UEPs__ = (2 x 5) + (3 x 8)

__Total UEPs__ = 34

Custo Indireto por UEP

O custo indireto por UEP, é calculado dividindo o total de **custos indiretos** pelo total de UEPs:

$$Custo\ Indireto\ por\ UEP\ =\ \frac{Total\ dos\ Custos\ Indiretos}{Total\ UEPs}$$

$$Custo\ Indireto\ por\ UEP = 12.000,00 \div 34$$

$$Custo\ Indireto\ por\ UEP = \$\ 352,94$$

Despesas por UEP

Calculamos as despesas por UEP, dividindo o total de despesas gerais pelo total de UEPs:

$$Despesas\ por\ UEP\ =\ \frac{Total\ de\ Despesas}{Total\ UEPs}$$

$$Despesas\ por\ UEP = 8.000,00 \div 34$$

$$Despesas\ por\ UEP = \$\ 235,29$$

Custo de Vendas por UEP

Calculamos os custos de vendas por UEP, dividindo o total de custos de vendas pelo total de UEPs:

$$Custo\ de\ Vendas\ por\ UEP\ =\ \frac{Custo\ das\ Vendas}{Total\ UEPs}$$

$$Custo\ de\ vendas\ por\ UEP = 6.000,00 \div 34$$

$$Custo\ de\ vendas\ por\ UEP = \$\ 176,47$$

Custo Total de Produção da Cadeira:

O custo total de produção da cadeira é a soma do custo da matéria-prima com os custos indiretos, despesas e custos de vendas por UEP:

$$Custo\ Tot\ Prod = [(MP\ x\ Qtde\ Prod.) + (CIU\ x\ UEPs)$$
$$+ (DPU\ x\ UEPs) + (CVU\ x\ UEPs)]$$

Onde

- **CTP** é o Custo Total de Produção
- **CMP** é o Custo de Matéria-prima por unidade
- **CIU** é o Custo Indireto por UEP.
- **DPU** são as Despesas por UEP
- **CVU** são os Custos de Vendas por UEP
- **UEP** é o Total de Unidades de Esforço de Produção

$$Custo\ Total\ de\ Produção = [(200,00\ x\ 400) + (352,94\ x\ 34)$$
$$+(235,29\ x\ 34) +(176,47*34)$$

$$Custo\ Total\ de\ Produção = \$\ 105.999,84$$

Custo Total Unitário da Cadeira:

Para encontrar o custo total unitário da cadeira, dividimos o custo total de produção pelo número de cadeiras produzidas:

$$Custo\ Total\ Unitário = \frac{Custo\ Total\ de\ Produção}{n^{\underline{o}}\ itens\ Produzidos}$$

$$Custo\ Total\ Unitário = \$105.999,84 \div 400$$

$$Custo\ Total\ Unitário = \$264,99$$

9.5.5   Vantagens e Desvantagens do Método

- **Vantagens:**

Simplicidade: O método é relativamente simples de entender e aplicar, o que facilita sua adoção pelas empresas.

Flexibilidade: Pode ser adaptado facilmente a diferentes tipos de produtos e processos produtivos, tornando-o versátil.

Enfoque no esforço produtivo: Foca no esforço necessário para realizar as atividades produtivas, o que pode proporcionar uma visão mais precisa dos custos envolvidos em cada etapa do processo.

Melhor gestão de custos: Permite uma gestão mais eficaz dos custos de produção, auxiliando na identificação de oportunidades de redução de custos e aumento da eficiência.

Adequação para ambientes complexos: Pode ser útil em ambientes onde os custos indiretos são difíceis de alocar de forma direta, como em empresas com processos de produção complexos.

- **Desvantagens:**

Subjetividade na definição das UEPs: A determinação das unidades de esforço da produção pode ser subjetiva e variar entre diferentes analistas ou empresas, o que pode levar a alocações imprecisas de custos.

Dificuldade de comparação entre diferentes períodos: Mudanças nas unidades de esforço ao longo do tempo podem dificultar a comparação dos custos de produção entre diferentes períodos.

Ignora diferenças de complexidade: O método não leva em consideração diferenças na complexidade das atividades produtivas, tratando todas as atividades como igualmente importantes.

Não adequado para todos os tipos de empresas: Pode não ser adequado para empresas com processos de produção altamente automatizados ou que exigem um alto nível de precisão na alocação de custos.

Dependência de estimativas: Como os custos indiretos são alocados com base em estimativas de esforço, a precisão dos resultados pode ser afetada pela qualidade dessas estimativas.

O Método da Unidade de Esforço da Produção pode ser uma ferramenta útil para algumas empresas na gestão de custos de produção, mas é importante considerar suas limitações e avaliar se é adequado para o contexto específico de cada organização.

9.6   Método de Custeio pela Curva de Aprendizagem

O método de custeio pela **Curva de Aprendizado** ou *Learning Curve,* tem suas raízes na década de 1930, quando o psicólogo Edward Thorndike introduziu o conceito de "curva de aprendizado" em sua pesquisa sobre a psicologia da aprendizagem. Ele observou que, à medida que as pessoas repetiam uma tarefa específica, sua eficiência aumentava e o tempo necessário para realizar a tarefa diminuía gradualmente.

No contexto da gestão de custos e produção, a aplicação da curva de aprendizado foi popularizada pelo trabalho do economista Theodore P. Wright em 1936. Wright, trabalhando na indústria aeronáutica,

percebeu que os custos de produção diminuíam à medida que a produção aumentava. Ele formulou uma equação matemática para descrever essa relação, que se tornou conhecida como a "lei de Wright".

A partir da década de 1950, o método da curva de aprendizado começou a ser amplamente utilizado na indústria, especialmente na produção em larga escala de bens duráveis, como automóveis e eletrônicos. Empresas como a Boeing e a Lockheed aplicaram esse método com sucesso na fabricação de aeronaves.

Durante as décadas seguintes, o método da curva de aprendizado continuou a evoluir, com o refinamento das técnicas de análise estatística e o desenvolvimento de modelos mais sofisticados para prever os custos de produção com base na experiência acumulada. Hoje, é uma ferramenta importante na gestão de custos e planejamento de produção, sendo aplicada em uma variedade de setores industriais para otimizar os processos e reduzir os custos de fabricação.

O método de custeio pela curva de aprendizado é uma ferramenta essencial na gestão de custos, especialmente em ambientes de produção repetitiva. Essa abordagem reconhece que, à medida que os trabalhadores ganham experiência e habilidade na fabricação de um produto específico, os custos unitários tendem a diminuir. Isso ocorre devido ao aumento da eficiência e à redução do tempo necessário para realizar as tarefas, resultando em uma curva de aprendizado que mostra uma queda nos custos à medida que a produção aumenta.

Ao aplicar o método da curva de aprendizado, as empresas podem prever com mais precisão os custos futuros e planejar estrategicamente suas operações. A análise da taxa de aprendizagem permite estimar como os custos unitários serão afetados à medida que a experiência acumulada aumenta. Essa perspectiva é valiosa para a tomada de decisões, permitindo que as empresas identifiquem oportunidades de redução de custos e otimização de processos ao longo do tempo.

No entanto, é importante reconhecer que o método da curva de aprendizado tem suas limitações. Nem todos os processos seguem uma curva de aprendizado constante, e fatores externos, como mudanças nas condições de mercado ou nas tecnologias utilizadas, podem influenciar os resultados. Portanto, a aplicação desse método requer uma análise cuidadosa e contínua, juntamente com a adaptação às condições em evolução, a fim de obter os melhores resultados na gestão de custos e na melhoria dos processos produtivos.

9.6.1   Etapas para implantação do Método

1) Determinação da taxa de aprendizagem: A primeira etapa consiste em estimar a taxa de aprendizagem da mão de obra ou da equipe envolvida no processo produtivo. Essa taxa representa a porcentagem pela qual os custos unitários são reduzidos a cada duplicação da produção ou aumento da experiência.

2) Cálculo dos custos unitários: Com base na taxa de aprendizagem estimada, é possível calcular os custos unitários futuros à medida que a produção aumenta. Isso é feito por meio de uma fórmula matemática que leva em conta a quantidade produzida e a taxa de aprendizagem.

3) Análise de sensibilidade: Após calcular os custos unitários futuros, é importante realizar uma análise de sensibilidade para avaliar os impactos de diferentes taxas de aprendizagem nos custos finais. Isso permite identificar cenários otimistas e pessimistas e entender melhor a variação nos custos conforme a experiência aumenta.

4) Monitoramento e ajustes: Uma vez que o método esteja em uso, é fundamental monitorar regularmente os custos reais em comparação com as estimativas calculadas. Se necessário, ajustes podem ser feitos na taxa de aprendizagem ou em outras variáveis para garantir que os custos sejam adequadamente previstos e controlados.

9.6.2   Determinação da Curva de Aprendizagem

Para determinar a Curva de aprendizagem, é necessário seguir algumas etapas. Aqui estão as principais:

Coleta de Dados: A primeira etapa envolve a coleta de dados relacionados ao desempenho passado da produção. Isso inclui registrar o tempo ou o custo associado à produção de cada unidade ao longo do tempo.

Identificação da Curva de Aprendizado: Com os dados coletados, é possível identificar padrões que indiquem uma redução consistente no tempo ou no custo de produção à medida que a produção acumulada aumenta. Isso geralmente é representado graficamente, com o número total de unidades produzidas no eixo x e o tempo ou custo no eixo y.

Ajuste do Modelo: Em seguida, um modelo matemático é ajustado aos dados para descrever a relação entre a produção acumulada e o tempo ou custo de produção. O modelo mais comumente usado é o modelo de potência, representado pela equação $y = a\,x\,n^{b}$, onde "y" é o tempo ou custo de produção, " n " é o número total de unidades produzidas, e "a" e "b" são parâmetros a serem estimados, sendo o

$$b = \frac{\ln\, curva}{\ln 2}$$

Estimação dos Parâmetros: Os parâmetros "a" e "b" da equação são estimados usando técnicas estatísticas, como regressão não linear. Esses parâmetros representam a Curva de Aprendizagem (b) e o tempo ou custo inicial de produção (a).

Validação do Modelo: O modelo ajustado é então validado usando dados adicionais, se disponíveis, ou por meio de métodos de validação estatística para garantir sua precisão e confiabilidade.

Aplicação do Modelo: Uma vez validado, o modelo pode ser usado para prever o tempo ou custo de produção futuro com base na produção acumulada. Isso permite que as empresas otimizem seus processos de produção e façam previsões mais precisas sobre os custos futuros.

Exemplo para determinação da Curva de Aprendizagem

Suponha que uma empresa esteja fabricando um novo produto e deseja determinar a taxa de aprendizagem para estimar como o tempo de produção diminuirá à medida que mais unidades forem produzidas.

Passo 1: Coleta de Dados

A empresa coletou dados de um operador sobre o tempo de produção de suas unidades durante as primeiras 6 produções:

- Para a primeira unidade: 100 horas
- Para a segunda unidade: 80 horas
- Para a terceira unidade: 70 horas
- Para a quarta unidade: 60 horas
- Para a quinta unidade: 55 horas
- Para a sexta unidade: 45 horas

Passo 2: Identificação da Curva de Aprendizado

Ao plotar esses dados em um gráfico com o número de unidades produzidas no eixo x e o tempo de produção no eixo y, observamos uma redução consistente no tempo de produção à medida que mais unidades são produzidas, sugerindo uma curva de aprendizado.

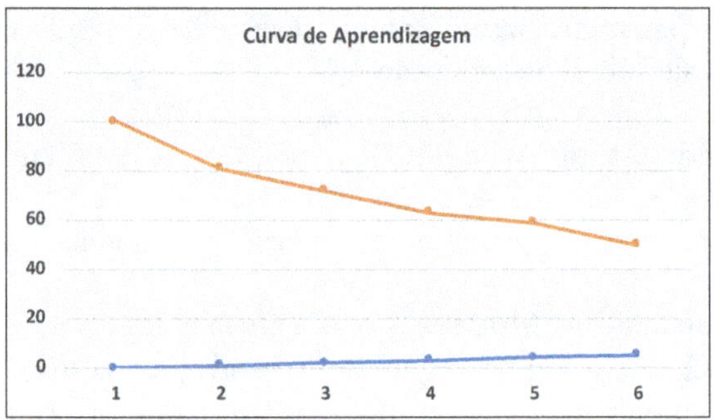

Passo 3: Calculando a Curva de Aprendizagem

O modelo de curva de aprendizado é uma função do tipo $y = a \, x \, n^b$, onde "y" é o tempo de produção, "n" é o número de unidades produzidas, "a" é o tempo inicial de produção e "b" é a taxa de aprendizagem.

Segundo Wright (1936), quando a produção dobra ($n{=}2$), o tempo de produção (T) diminui de acordo com o coeficiente de aprendizagem (b). Em outras palavras, se a produção dobrar, o tempo de produção por unidade é reduzido em uma porcentagem determinada pelo valor de b.

Fórmula para Cálculo da Curva de Aprendizagem

$$Curva\ de\ Aprendizagem = \frac{\dfrac{T2}{T1} + \dfrac{T4}{T2} + \dfrac{T6}{T3} + \dfrac{Tn}{\frac{Tn}{2}}}{n^{\underline{o}}\ amostras}$$

Onde:

- T_1, T_2, T_3, ...Tn representam os tempos de produção para as diferentes unidades produzidas.

- n é o número total de amostras

Aplicando nos dados levantados:

$$Curva\ de\ Aprendizagem = \frac{\frac{80}{100} + \frac{60}{80} + \frac{45}{70}}{3}$$

Curva de Aprendizagem = 0,73 ou 73%

(*) *É fundamental ressaltar que, neste exemplo, ao calcular a curva de aprendizagem, o tempo necessário para a produção da 5ª peça foi desconsiderado. Conforme preconizado por Wright, é essencial considerar apenas os dados nos quais a produção*

dobra. Portanto, para incluir o tempo de produção da 5ª peça no cálculo, seria imprescindível dispor do tempo necessário para a produção da 10ª peça, pois é nesse ponto que a produção dobra.

Quando um operador apresenta uma curva de aprendizagem de **73%**, isso significa que ele está melhorando sua eficiência em relação ao tempo de produção em uma taxa de **73%** a cada vez que a quantidade total de unidades produzidas dobra.

Em termos práticos, isso sugere que o operador está se tornando mais eficiente na realização de suas tarefas à medida que ganha experiência e prática. Uma Curva de Aprendizagem de **73%** é considerada relativamente alta, o que indica uma curva de aprendizagem íngreme.

Essa análise é importante para avaliar o desempenho e a produtividade do operador, pois uma curva de aprendizagem mais íngreme significa que ele está se adaptando rapidamente ao trabalho e provavelmente se tornará mais eficiente com o tempo. Isso pode ter implicações significativas na gestão da produção, no planejamento de recursos humanos e na otimização dos processos de trabalho.

9.6.3   Aplicação do Modelo para Tempo Futuro

Com a Curva de Aprendizagem estabelecida, torna-se possível antecipar o tempo de produção futuro. Por exemplo, ao planejar a fabricação da 20ª unidade, podemos utilizar o modelo para prever o tempo necessário para a conclusão dessa unidade. Isso é feito com base na Curva de Aprendizagem previamente definida e no tempo inicial de produção.

Calculando o tempo unitário da 20ª peça:

$$y = a \times n^b$$

Sabe-se que:

- $a = 100$, o tempo necessário para produzir a 1ª peça
- $n = $ tempo para fabricar a 20ª peça
- $b = \dfrac{\ln curva}{\ln 2}$

$$y = a \times n^b$$

$$y = 100 \times 20 \wedge (\ln 0{,}73 / \ln 2)$$

$$y = 100 \times 20 \wedge (-0{,}453)$$

$$\boldsymbol{y = 25,7\ horas}$$

O tempo previsto para o operador produzir a 20ª com uma curva de aprendizagem de 73%, é de 25,70 horas.

$$T_n^* = \sum_{i=1}^{n} \left(T_1 \times i^{\frac{\ln\%}{\ln 2}} \right)$$

Calculando o tempo Total para fabricar 20 unidades

Onde:

- T_1 é o tempo inicial de produção para a primeira unidade,
- T_n é o tempo de produção para a n unidades,
- n é a quantidade de unidades para as quais queremos calcular o tempo de produção
- b é a taxa de aprendizagem.

$$T_n^* = \sum_{i=1}^{n} \left(T_1 \times i^{\frac{\ln\%}{\ln 2}} \right)$$

$$T_{20}^{*}=\sum_{i=1}^{20}\left(100 \text{ x } i^{\frac{ln0,73}{ln2}} \right)$$

$$\boldsymbol{T_{20}^{*}= 823,30}$$

O tempo previsto para o operador produzir a 20 unidades com uma curva de aprendizagem de 73%, é de **823,30 horas**

9.6.4 Aplicação do Modelo para Cálculo do Custo da Mão-de-Obra

Uma fábrica de eletrônicos está interessada em calcular o custo de mão-de-obra direta para produção de um novo produto, um smartphone, usando a curva de aprendizagem. Inicialmente, o tempo necessário para montar o primeiro smartphone foi de 100 horas. Com uma Curva de aprendizagem de 73%, espera-se que o tempo de montagem diminua à medida que mais unidades são produzidas. O objetivo é utilizar o tempo necessário para montar a 20ª unidade do smartphone e para montar 20 unidades, considerando a Curva de aprendizagem de 73%, sabendo que, o custo da mão-de-obra é de \$10,00 por hora.

Utilizando as informações obtidas no tópico anterior

- Tempo necessário para produzir a 20ª unidade: **25,7 horas**
- Tempo necessário para produzir 20 unidades: **436,70 horas**

Cálculo do Custo MOD

$$\textit{Custo MOD} = \textit{Tempo para produzir a n}$$
$$- \textit{esima peça } x \textit{ Custo Hora MOD}$$

$$\textit{Custo MOD } 20^{\underline{a}} \textit{ peça} = 25,70 \ x \ 10,00$$

$$\boldsymbol{\textit{Custo MOD } 20^{\underline{a}} \textit{ peça} = \$257,00}$$

$$\textit{Custo MOD } = \textit{Tempo para prod. n peças } x \textit{ Custo Hora MOD}$$

$$\textit{Custo MOD } 20 \textit{ unidades} = 823,30 \ x \ 10,00$$

$$\boldsymbol{\textit{Custo MOD } 20 \textit{ unidades} = \$8.233,00}$$

Portanto, o custo de mão-de-obra necessário para montar a 20ª unidade do smartphone é **\$ 257,00** e para produzir 20 smarthpones é de **\$ 8.233,00.**

9.6.5 Vantagens e Desvantagem do Método

- **Vantagens**

Previsão de custos: Permite uma previsão mais precisa dos custos de produção à medida que a produção aumenta, ajudando as empresas a planejar seus orçamentos de forma mais eficaz.

Melhoria contínua: Promove a melhoria contínua ao fornecer insights sobre como a eficiência aumenta com a experiência e a prática.

Ajuda na tomada de decisão: Facilita a tomada de decisões relacionadas à capacidade de produção, planejamento de recursos humanos e otimização de processos.

- **Desvantagens**

Complexidade: O método pode ser complexo de entender e calcular, especialmente em ambientes de produção com várias variáveis.

Sensibilidade a mudanças: A precisão das previsões pode ser afetada por mudanças nas condições de trabalho, equipamentos ou pessoal, o que pode levar a resultados imprecisos.

Dependência de dados históricos: Requer dados históricos precisos e confiáveis sobre o tempo de produção e o volume de produção, o que pode ser difícil de obter em alguns casos.

RECAPITULANDO

- O método de Custeio ABC visa o levantamento e a análise dos custos das atividades que envolvem todo o processo da empresa, possibilitando assim, que se avalie o custo/benefício das atividades empresariais.

- O método da UEP consiste em determinar uma medida comum, unificando todos os produtos e processos da empresa.

- O método de Custeio pela Margem de Contribuição segue o princípio de que o item de maior contribuição têm maior capacidade de assimilar e diluir o custo fixo da empresa nos seus produtos.

- O método da Curva de Aprendizagem é uma técnica utilizada para prever como o tempo de produção diminui à medida que a experiência aumenta. Ele modela a relação entre a produção acumulada e o tempo necessário para produzir uma unidade, sendo útil para estimar custos, planejar produção e melhorar processos industriais.

- O método de Custeio por Processo é uma abordagem que aloca os custos indiretos aos produtos com base nos processos de produção pelos quais passam. Ele oferece uma visão detalhada dos custos associados a cada etapa do processo produtivo, facilitando a análise de desempenho e tomada de decisões gerenciais.

- O Método RKW (Reichskosten-Weiterverteilung) é uma técnica de custeio que busca alocar os custos indiretos aos produtos de forma mais precisa, considerando tanto os custos fixos quanto as variáveis. Ele se destaca por sua abordagem detalhada e sua capacidade de fornecer informações úteis para o controle de custos e a tomada de decisões estratégicas.

10 Formação De Preço

A formação de preço é um processo estratégico que envolve a análise de diversos fatores para determinar o valor adequado a ser cobrado por um produto ou serviço. Embora o objetivo final seja gerar lucro, essa decisão não pode ser tomada de forma isolada, pois está intrinsecamente ligada ao contexto competitivo e às demandas do mercado. As empresas precisam considerar não apenas os custos de produção, mas também as preferências dos clientes, as estratégias dos concorrentes e as condições econômicas e sociais.

Em um mercado altamente competitivo, onde os consumidores têm acesso a uma variedade de opções, a definição do preço certo é crucial para atrair e reter clientes. Isso requer uma compreensão profunda das necessidades e comportamentos dos consumidores, bem como a capacidade de diferenciar o produto ou serviço de forma a agregar valor percebido. Além disso, a formação de preço deve levar em conta a elasticidade da demanda, ou seja, como a variação no preço afeta a quantidade demandada pelo mercado.

Por outro lado, a empresa também precisa garantir que o preço estabelecido seja capaz de cobrir todos os custos envolvidos na produção e comercialização do produto ou serviço, garantindo uma margem de lucro adequada. Isso inclui não apenas os custos diretos, como matéria-prima e mão de obra, mas também os custos indiretos, como despesas administrativas, marketing e distribuição. Dessa forma, a formação de preço é um equilíbrio delicado entre maximizar os lucros e manter-se competitivo no mercado.

A determinação de preços de vendas sofre a influência de vários fatores, tais como: qualidade, demanda, mercado, tecnologia, poder de compra do consumidor, capacidade de produção, custos de fabricação etc. O cálculo do preço de vendas deve ser fundamentado no custo do produto e balizado pelo mercado e pode ser representado pela expressão:

Preço de Venda = Custo x Mark-up

10.1 Mark-Up

O mark-up é uma técnica de formação de preços que consiste em adicionar um percentual ao custo variável de produção, custo variável de vendas e custo fixo a um produto para determinar o seu preço de venda. Esse percentual adicional cobre não apenas os custos diretos de produção, como matéria-prima e mão de obra, mas também os custos indiretos e custos operacionais, além de proporcionar uma margem de lucro para a empresa.

O mark-up é expresso como um índice e pode variar dependendo do setor, da concorrência e das estratégias de mercado da empresa. Ele é uma ferramenta importante na gestão de custos e preços, permitindo que as empresas determinem um preço de venda que seja competitivo e ao mesmo tempo lucrativo.

No processo de formação de custo e preços, o conceito de mark-up desempenha um papel crucial, pois ajuda as empresas a determinarem o custo total e o preço de venda de seus produtos. O mark-up de custo é aplicado sobre os custos de produção para garantir que a empresa obtenha o custo total do seu produto. Por sua vez, o mark-up de vendas é adicionado ao preço de custo para chegar ao preço final ao consumidor. Ambos os mark-ups são ferramentas essenciais para garantir que os preços estabelecidos pela empresa sejam competitivos no mercado e capazes de gerar lucro.

10.1.1 Mark-up de Custo

Mark-up de custo: é um índice aplicado sobre os custos de matéria-prima e custo fixo unitário, para determinar o custo total do produto. Ele abrange tanto os custos variáveis de produção quanto os custos variáveis de vendas, sendo essencial na definição do preço final do produto.

Fórmula do Mark-up de Custo:

$$Mkup\ Custo = \frac{100 - (CVV + CVP)}{100}$$

Onde:

- CVP: (Custos Variáveis de Produção – Matéria-Prima) em %
- CVV: Custos Variáveis de Vendas em %

Exemplo:

A fim de participar de uma concorrência para fornecer camisetas promocionais para um grande evento esportivo, uma indústria de vestuário precisa determinar o custo unitário das camisetas. Com um custo de matéria-prima de $ 32,00 e um custo fixo unitário calculado pelo método de custeio pela margem de contribuição, de $ 8,00 por camiseta, o gerente comercial optou por usar a fórmula do Markup para calcular o custo final. Baseado no Demonstrativo de Resultados do Exercício (DRE), que indicou um Custo Variável de Produção de 10%, já deduzida a matéria-prima e um Custo Variável de Vendas de 18%, ele está buscando determinar o preço competitivo por unidade.

Calculando o Markup de Custo

$$Mkup\ Custo = \frac{100 - (CVV + CVP)}{100}$$

$$Mkup\ Custo = \frac{100 - (10 + 18)}{100}$$

$$Mkup\ Custo = \frac{72}{100}$$

$$\textbf{Mkup Custo} = \mathbf{0,72}$$

Com o Markup de Custo calculado, o gerente comercial pode determinar o custo total do modelo de camiseta em questão, que será submetido à licitação:

- Custo da Matéria-prima da Camiseta = $ 32,00
- Custo Fixo Unitário: $ 8,00
- Markup calculado = 0,60

$$Custo\ Total = \frac{Matéria - prima + Custo\ Fixo\ Unitário}{Markup\ de\ Custo}$$

$$Custo\ Total = \frac{32,00 + 8,00}{0,72}$$

$$\boldsymbol{Custo\ Total = \$\ 55,55\ por\ camiseta}$$

10.1.2 Mark-up de Vendas

Mark-up de Vendas: é um índice aplicado sobre os custos de matéria-prima e custo fixo unitário, abrangendo os custos variáveis de produção e custos variáveis de vendas, adicionado a uma margem de lucro, que orienta o estabelecimento do preço de venda para a empresa.

Composição do Mark-up de Vendas:

- CVP: (Custos Variáveis de Produção – Matéria-Prima) em %
- CVV: Custos Variáveis de Vendas em %
- L = Lucro desejado em

Fórmula do Mark-up de Vendas

$$\boldsymbol{Mkup\ Vendas = \frac{100 - (CVV + CVP + L)}{100}}$$

Exemplo:

Com base nas informações do custo da camiseta, o gerente comercial, em conjunto com a diretoria, calculou o Markup de Vendas para um lucro de 10%. O Markup de Vendas possibilita simular diferentes preços finais para a camiseta, considerando as expectativas de lucro desejadas.

Dados

- CVP: 10% (já deduzido a matéria-prima)
- CVV: 18%
- Lucro: 10%

Calculando o Mkup de Vendas para Lucro de 10%:

$$Mkup\ Vendas = \frac{100 - (CVV + CVP + L)}{100}$$

$$Mkup\ Vendas = \frac{100 - (10 + 18 + 10)}{100}$$

$$Mkup\ Vendas = \frac{100 - 38}{100}$$

$$Mkup\ Vendas = \frac{62}{100}$$

$$Mkup\ Vendas = 0,62$$

Cálculo do Preço de Vendas da camiseta para Lucro 10%

- Custo da Matéria-prima da Camiseta = $ 32,00
- Custo Fixo unitário: $ 8,00
- Markup vendas calculado = 0,62

$$Preço = \frac{Matéria - prima + Custo\ Fixo\ Unitário}{Markup\ de\ Vendas}$$

$$Preço = \frac{32,00 + 8,00}{0,62}$$

$$Preço = \$\ 64,51\ por\ camiseta$$

As informações resultantes das simulações de preços fornecerão à empresa a capacidade de decidir sobre a margem de lucro com a qual participará da concorrência, sem o risco de estabelecer um preço que afete negativamente a lucratividade. Além disso, permitirão determinar com mais segurança o preço mínimo a ser praticado, uma vez que a empresa possui conhecimento do custo total do produto, estabelecido em **$55,55**.

A definição do Markup de Custos e do Markup de Vendas proporciona à empresa uma ferramenta de gestão essencial para orientar os gestores na crucial tomada de decisão sobre a precificação dos produtos fabricados ou comercializados pela organização. Isso assegura não apenas o retorno sobre o capital investido, mas também uma abordagem estratégica para a definição de preços que seja competitiva e lucrativa.

RECAPITULANDO

- A fixação dos preços deve refletir os objetivos e estratégias determinadas pela empresa.

- A determinação de preços de vendas sofre a influência de vários fatores, tais como: qualidade, demanda, mercado etc. e seu cálculo do preço de vendas deve ser fundamentado no custo do produto.

- Mark-up de custo é um índice que aplicado a matéria-prima utilizada que representa o custo total do produto.

- Mark-up de Vendas é um índice que aplicado ao custo da matéria-prima, fornece sugestão do preço de vendas com o lucro desejado

- A definição do Markup de Custos e do Markup de Vendas, propicia a empresa uma ferramenta de gestão que permite orientar os gestores na importante tomada de decisão de precificação dos seus produtos.

11 Ferramentas Essenciais Para a Gestão de Custos

Parabéns! Você chegou ao fim desta jornada pela gestão de custos na indústria. Agora, você está pronto para colocar seu conhecimento em prática e tomar decisões estratégicas que impulsionarão a lucratividade do seu negócio. Mas antes de partir, quero te presentear com algo especial: acesso a **Planilhas Personalizadas** para calcular o custo dos seus produtos!

Com essas planilhas, você poderá:

- Calcular com precisão o custo de produção de cada item, incluindo materiais diretos, mão de obra direta e custos indiretos e analisar o impacto de diferentes variáveis no custo final, como preços de insumos, volume de produção e mix de produtos.
- Identificar oportunidades de redução de custos e otimização de processos e Tomar decisões mais assertivas sobre precificação, lançamento de novos produtos e investimentos.
- Controlar os custos de forma contínua e eficiente e acompanhar o desempenho da sua produção e identificar gargalos e simular cenários e tomar decisões estratégicas com base em dados concretos.

As planilhas estão disponíveis em formato Excel e podem ser totalmente personalizadas para atender às necessidades específicas do seu negócio. Para acessá-las, basta escanear o QR Code abaixo:

REFERÊNCIAS

BORNIA, Antonio Cezar. Mensuração das Perdas dos Processos Produtivos: Uma Abordagem Metodológica de Controle Interno. Florianópolis, 1995 Tese (Doutorado), Universidade Federal de Santa Catarina.

FERREIRA, José Ângelo. Custos Industriais. São Paulo: Editora STS, 2007.

GARRISON, R.H. & NOREEN, E.W. Contabilidade Gerencial. 9ª ed. Rio de Janeiro: LTC, 2001.

HORNGREN, C. T.; Contabilidade de Custos uma ênfase Gerencial. New Jersey: Prentice-Hall, 2003.

HORNGREN, Charles T.; SUNDEM, Gary L.; STRATTON, Willian O. Contabilidade Gerencial. Tradução de Elias Pereira. 12. ed. São Paulo: Pearson Prentice Hall, 2004.

IBRACON - Princípios Contábeis. São Paulo: Editora Atlas, 1995.

IUDÍCIBUS, Sérgio de. Teoria da Contabilidade. 6.ed. São Paulo: Atlas, 2000.

KAPLAN, R. S.; ATKINSON, A. A. Contabilidade Gerencial de Custos. New Jersey: Prentice-Hall, 1989.

KAPLAN, R.S e NORTON, D.P. Custo e Desempenho: Administre seu Custo para se mais Competitivo. São Paulo: Editora Futura, 1998.

KLIEMANN, F. J. Custos Industriais. (2004) Apostila da Disciplina de Custos Industriais, Porto Alegre: PPGEP/UFRGS.

KRAEMER, Tânia Henke. (1995) Discussão de um Sistema de Custeio Adaptado às Exigências da Nova Competição Global. Dissertação de Mestrado em Engenharia, PPGEP (UFRGS), Porto Alegre.

LEONE, George Guerra. Custos um Enfoque Administrativo. Rio de Janeiro. Editora da FGV, 1992.

MAHER, M. Contabilidade de custos: criando valor para a administração. São Paulo: Atlas, 2003.

MARTINS, Eliseu. Contabilidade de Custos. 10. ed. São Paulo: Atlas, 1995.

NEVES, C. Análise De Investimentos: Projetos Industriais e Engenharia Econômica. Rio de Janeiro: Zahar Editores, 1982.

SANTOS, R. V. Modelagem de sistemas de custos. Revista do Conselho Regional de Contabilidade de São Paulo. São Paulo: Ano IV, n. 7, p. 62-74, abr. 1999.

SOBRE O AUTOR

JOSÉ ÂNGELO FERREIRA: Pós Doutor em Engenharia Industrias pela Ryerson University - Canadá (2018); Doutor em Educação pela Universidade Nove de Julho - SP (2012); Mestre em Engenharia de Produção pela Universidade Federal de Santa Catarina (2000);Graduado em Administração pela Middlesex County College - New Jersey - EUA (1992); Graduado em Pedagogia pela Faculdade Pitágoras - Campus Londrina (2012), Visiting Scholar em Engenharia Industrial pela Ryerson University de Toronto-Canada (2018) Professor titular da Universidade Tecnológica Federal do Paraná, . Coordenador da Pesquisa sobre Aplicação da Learning and Forgetting Curve no Planejamento de Produção e Monitoramento de Custos Industrial. Avaliador Institucional Externo do SINAES. Pertence ao Conselho Editorial da Syntagma Editores; Revisor das Revistas Elsevier Journal e E-Tech Senai e Tem experiência na área de Engenharia de Produção e Administração, com ênfase em Gestão da Produção, atuando principalmente nos seguintes temas: custos, gestão da produção, engenharia econômica, logística, consultoria e jogo de empresas. Autor dos Livros: Custos na Prática (Editora STS), ABC das Finanças (Editora STS), Custos Industriais (Editora STS), Gestão de Custos (Editora UNICESUMAR), Sujeito Empreendedor (Syntagma Editores). Membro do Conselho de Graduação e Educação da UTFPR; Membro da Câmara Técnica de Mecânica da UTFPR; Membro do Colegiado de Curso de Engenharia de Produção da UTFPR - Campus Londrina. Membro do Programa de Iniciação Cientifica ICT - UTFPR- Campus Londrina.